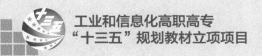

工业和信息化高职高专
"十三五"规划教材立项项目

李美玲 鞠洪海 / 主编

高等职业教育『十三五』土建类技能型人才培养规划教材

建筑工程制图与识图

人民邮电出版社
北　京

图书在版编目（CIP）数据

建筑工程制图与识图 / 李美玲，鞠洪海主编. -- 北京 ： 人民邮电出版社，2016.2（2023.9重印）
高等职业教育"十三五"土建类技能型人才培养规划教材
ISBN 978-7-115-40551-7

Ⅰ．①建… Ⅱ．①李… ②鞠… Ⅲ．①建筑制图－识别－高等职业教育－教材 Ⅳ．①TU204

中国版本图书馆CIP数据核字（2015）第297583号

内 容 提 要

本书以新视角、新思想来审视教材，以目标引领整个教学内容设计，并且在结构上做了很大的调整，减少了部分制图内容，强化识图的重要性，通过训练强化来提高同学们的识图能力。本书共包含七个项目，建筑图样绘制的基本知识、建筑投影基础知识、建筑基本体的投影、轴测投影图的绘制、组合体投影图的分析、建筑形体的表达方法、建筑施工图的识读。每个项目都分若干个单元，每个单元都有任务导入，并且设置知识问答、课堂讨论、技能训练、课后习题等内容，分别从不同的角度来提高学生参与课堂的积极性，达到逐步提高能力的目的。每个项目结束还设置了综合训练，把所学知识能整合起来，便知识更具系统性。

本书既可以作为高职高专建筑工程专业的教材，也可以作为有关工程技术人员及自学人员的学习参考书。

◆ 主　　编　李美玲　鞠洪海

责任编辑　刘盛平

执行编辑　刘　佳

责任印制　杨林杰

◆ 人民邮电出版社出版发行　　北京市丰台区成寿寺路 11 号

邮编　100164　电子邮件　315@ptpress.com.cn

网址　http://www.ptpress.com.cn

北京天宇星印刷厂印刷

◆ 开本：787×1092　1/16

印张：12.5　　　　　2016 年 2 月第 1 版

字数：328 千字　　　2023 年 9 月北京第 8 次印刷

定价：32.00 元

读者服务热线：(010)81055256　印装质量热线：(010)81055316
反盗版热线：(010)81055315
广告经营许可证：京东市监广登字 20170147 号

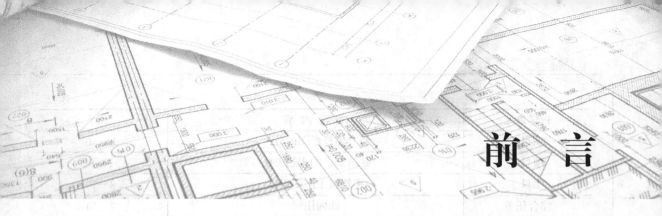

前 言

近年来，高等职业教育坚持"以服务为宗旨，以就业为导向"的办学方针，实现了快速的发展，同时高职原有的人才培养模式也暴露出弊端。高职教学改革成为高职教育的一大热点。在这种形势下，我们通过对教学对象的特点、高职的培养目标的研究及对企业的调研，编制了本教材。本教材根据高职学生毕业后面对生产一线的特点，本着"必需""够用"的原则，将工程识图理论教学与实践进行了必要的结合。通过教学过程的实施，培养学生对知识的运用能力、动手能力及相关工程文化素质。本教材具有以下特点。

1. 内容先进，编排合理

本书依据最新制图标准《房屋建筑制图统一标准》（GB/T 50001—2010）、《总图制图标准》（GB/T 50103—2010）、《建筑制图标准》（GB/T 50104—2010）、《建筑结构制图标准》（GB/T 50105—2010）、《给水排水制图标准》（GB/T 50106—2010）及有关的技术制图标准和最新规范，能够顺应房屋建筑发展需要，反映出房屋建筑的新知识、新技术和新方法。并且本书以新视角、新思想来审视教材，使教材更加符合高职教育的需要，并对教学内容进行重新编排组织，降低难度，设置合理的教学任务，来提高教学效果。

2. 明确目标，优化结构

本书以目标引领整个教学过程。一切为了更好地实现教学目标来设置、设计。在编制教材前，对课程的使命和任务进行了深入研究，确定学生学习后应该会干什么，然后根据这种倒推的思维来决定教学内容的实施，学习任务、案例的设计。本课程在结构上做了很大调整，减少了部分制图内容，强化识图的重要性，通过训练、强化来提高同学们的识图能力。

3. 知识实用，体系规范

以职业能力为本，以"必需""够用"为原则，教材紧密联系生活和生产实际，加强教学内容的针对性，所以本教材更适合高职学生使用。新的"课程标准"和教学标准是本教材的编写依据，结合企业需要，顺应高职改革，突出教材的专业性，适用性，有利于按需施教，因材施教。

说明：本书面向高职院校土建类各专业，建议学时为 54～76 学时，不同专业在使用时，可根据实际需求进行取舍。每一个项目的综合任务，可设为课上和课下时段，老师自己按教学计划安排，为了具有更好的学习效果，教师可以根据情况配备成套建筑施工图。

学时分配表

教学单元	课 程 内 容	学时
项目 1	建筑图样绘制的基本知识	6～8
项目 2	建筑投影基础知识	6～8
项目 3	建筑基本体的投影	7～10
项目 4	轴测投影图的绘制	6～8

续表

教学单元	课 程 内 容	学时
项目5	组合体投影图的分析	8～10
项目6	建筑形体的表达方法	6～8
项目7	建筑施工图的识读	8～10
综合任务	课内用时	7～14
课时总计		54～76

　　本书由烟台职业学院李美玲、鞠洪海任主编。本书编写过程中参考了附录所列（或未有列到）的部分参考文献，在此对其作者表示诚挚的感谢。

　　由于编者水平和经验有限，书中难免有欠妥和错误之处，恳请读者批评指正。

编　者

2015 年 4 月

目 录

目录

项目 1
建筑图样绘制的基本知识

知识目标

- 掌握建筑制图规范和相关规定。
- 掌握绘图工具的使用方法。
- 掌握基本的几何作图方法。

能力目标

- 能够理解和正确找出图纸中所用的建筑制图规范。
- 能正确使用绘图仪器。
- 能够使用绘图仪器进行几何作图。

任务 1   制图的国家规范和相关规定

工作任务

识读某工程施工图纸，认识图纸的样式，了解图纸的内容、幅面规格、图线样式、比例、尺寸标注、文字表示方法，完成以下识图记录。

初识建筑工程图纸识图记录

工程名称 （标题栏相关尺寸要求）	
图纸规格 （图纸的图框、图幅，a 和 c 的设置）	
图中采用了哪几种比例 （区分常用比例和可用比例）	
图中采用了哪几种线型 （总结粗细线的用途）	
图纸中文字高度有几种,字高分别是多少 （总结字体高度的设置规律）	

知识链接1.1

一、建筑工程图纸的作用及形成

1. 建筑工程图纸的作用

图纸是工程界的语言，是思维和实物的连接点。有了图纸，才有施工和造价的依据，也使设计人员的构思变成生动的实体。因此建筑图样是表达设计意图、交流技术思想的重要工具，是生产施工中的重要文件。设计人员根据甲方要求用图纸来表达设计意图，施工人员熟悉图纸、理解图纸并依图施工和控制造价。

从工程施工过程来看，图纸是审批建筑工程项目的依据；在生产施工中，它是备料和施工的依据；当工程竣工时，它是进行质量检查和验收并以此评价工程质量优劣的依据；建筑工程图还是编制工程概算、预算和决算及审核工程造价的依据；建筑工程图是具有法律效力的技术文件，当业主和施工单位发生争议时，建筑工程图是技术仲裁或法律裁决的重要依据。

2. 建筑工程图纸的分类

建筑工程图纸是用于表示建筑物的内部布置情况，外部形状，以及装修、构造、施工要求等有关内容的图纸。按照专业不同分为建筑施工图、结构施工图、设备施工图。

（1）建筑施工图（简称建施图）。

它主要用来表示建筑物的规划位置、外部造型、内部各房间的布置、内外装修、构造及施工要求等。它的内容主要包括建筑施工图首页、总平面图、各层平面图、立面图、剖面图及详图。

（2）结构施工图（简称结施图）。

它主要表示建筑物承重结构的结构类型、结构布置、构件种类、数量、大小及做法。它的内容包括结构设计说明、结构平面布置图及构件详图。

（3）设备施工图（简称设施图）。

它主要表达建筑物的给水排水、暖气通风、供电照明、燃气等设备的布置和施工要求等。它主要包括各种设备的平面布置图、系统图和详图等内容。

3. 建筑工程图纸的形成

建筑工程图纸是经过从方案设计、初步设计，技术设计最后到施工图设计而产生的。

（1）方案设计阶段的方案设计图（简称方案），是由建筑设计者根据建筑的功能，而确定的建筑平面形式、层数、立面造形等基本图纸。

（2）初步设计阶段的初步设计图（简称"初设图"）或扩大初设图，由建筑设计者考虑到包括结构、设备等一系列基本相关因素后独立设计完成。

（3）技术设计阶段的技术设计图：各专业根据报批的初步设计图对工程进行技术协调后设计绘制的基本图纸。对于大多数中小型建筑而言，此过程及图纸均由建筑师在初设阶段完成。

（4）施工图设计阶段的设计图（简称"施工图"）。此阶段的主要设计依据是报批获准的技术设计图或扩大初设图，要求用尽可能详尽的图形、尺寸、文字、表格等方式，将工程对象的有关情况表达清楚。

二、工程图纸的幅面和格式

工程图纸又称为工程图样，是重要的技术资料，为使工程图样图形准确，图面清晰，符合生产要求，便于技术交流和存档，绘制时必须遵循统一的标准。

1. 图幅

图幅也就是图纸的大小，对于一整套的图纸，为了便于装订、保存和合理使用，国标对图纸的幅面做了规定，见表 1-1-1。其中，尺寸代号的含义如图 1-1-1 所示。在选用图幅时，应根据实际情况，以一种规格为主，尽量避免大小幅面混用。图纸的摆放格式有横式与立式两种，一般情况 A0 ~ A3 图纸宜横式使用，必要时也可立式使用，A4 图纸只能立式使用。图纸的幅面尺寸相当于 $\sqrt{2}$ 系列，即 $l = \sqrt{2}\,b$，A0 号图纸的面积约为 $1\mathrm{m}^2$，A1 号图纸等于 A0 号图纸长边对裁，其他幅面图纸依次类推。

表 1-1-1　　　　　　　　　图纸幅面及图框尺寸（mm）

幅面代号 尺寸代号	A0	A1	A2	A3	A4
$b \times l$	841 × 1189	594 × 841	420 × 594	297 × 420	210 × 297
c		10			5
a			25		

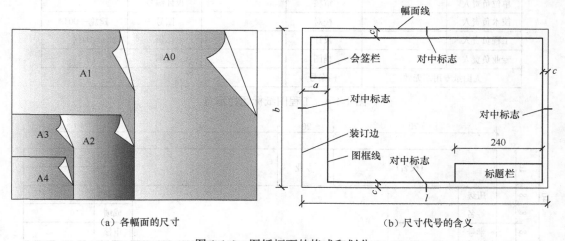

（a）各幅面的尺寸　　　　　　　　　　　　（b）尺寸代号的含义

图 1-1-1　图纸幅面的格式和划分

2. 图框

图框即图纸的边框，图纸无论装订与否，均需在图幅以内按表 1-1-1 的规定画出图框，图框线用粗实线绘制。a 和 c 分别表示图框线到图纸幅面线的相应距离。距离为 a 的一侧一般是装订侧。

3. 标题栏和会签栏

图纸的右下角一栏称为图纸的标题栏，用来填写图名、图号以及设计人、制图人、审批人的签名和日期。需要会签的图纸，在图纸的左侧上方图框线外有会签栏。标题栏和会签栏的边

3

框线为粗线，内部分隔线一般为细线。标题栏和会签栏的格式如图 1-1-2、图 1-1-3、图 1-1-4 和图 1-1-5 所示。

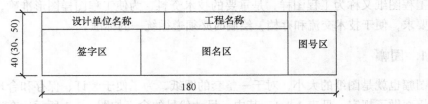

图 1-1-2　标题栏通用格式

图 1-1-3　会签栏格式

大连市×××建筑设计研究院		工程名称	东北财经大学 国际汉语文化学院综合楼	
证书号		图名	一层平面图	
电话				
单位负责人		审核	设计编号	
技术负责人		校对	图号	建施—004A
工程负责人		设计	比例	1:100
专业负责人		描图	日期	
无图纸专用章无效		档案号		

图 1-1-4　工程图纸标题栏示意

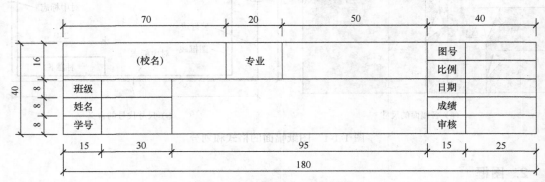

图 1-1-5　作业用标题栏格式

✿小提示

　　图纸大小不满足要求，需要加长的话，以短边的整数倍进行加长，无论图纸的型号怎么变化，标题栏的尺寸大小是固定的。

三、图线

1. 线型与线宽

工程图会由不同的线型所构成，不同的图线可能代表不同的内容，也可以用来区分图中内容的主次。国标对线型和线宽做了相应的规定。一张图纸上一般要有三种线宽。每个图样应根据复杂程度与比例大小，先基本选定基本线宽 b，其他两种线宽分别是 $0.5b$ 和 $0.25b$，这样就形成粗、中、细线宽组。线宽常用组合，如表 1-1-2 所示。常用线型及用途，如表 1-1-3 所示。

表 1-1-2　　　　　　　　　　　常用的线宽组合

线宽比	线宽组					
b	2.0	1.4	1.0	0.7	0.5	0.35
$0.5b$	1.0	0.7	0.5	0.35	0.25	0.18
$0.25b$	0.5	0.35	0.25	0.18	—	—

表 1-1-3　　　　　　　　　　　常用线型及用途

名称		线型	线宽	一般用途
实线	粗	————————	b	主要可见轮廓线
	中细	————————	$0.5b$	可见轮廓线
	细	————————	$0.25b$	可见轮廓线，图例线
虚线	粗	– – – – – – – –	b	主要不可见轮廓线（各专业不同）
	中	– – – – – – – –	$0.5b$	不可见轮廓线
	细	– – – – – – – –	$0.25b$	不可见轮廓线，图例线
单点画线	粗	— · — · — · —	b	见各有关专业制图标准
	中	— · — · — · —	$0.5b$	见各有关专业制图标准
	细	— · — · — · —	$0.25b$	回转体的对称线，定位轴线
双点画线	粗	— · · — · · —	b	见各有关专业制图标准
	中	— · · — · · —	$0.5b$	各有关专业制图标准
	细	— · · — · · —	$0.25b$	假想轮廓线、成型前原始轮廓线
折断线		———〈————	$0.25b$	断开界线
波浪线		～～～～～	$0.25b$	断开界线

2. 图线的有关画法。

图线画法如表 1-1-4 所示。线型实例如图 1-1-6 所示。

表 1-1-4　　　　　　　　　　　图线画法

相互平行的两条线，其间隙不宜小于图内粗线的宽度，且不宜小于 0.7mm。	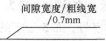

5

续表

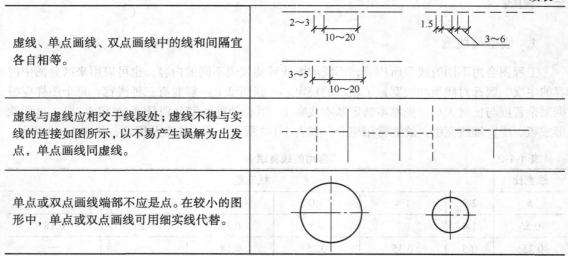

虚线、单点画线、双点画线中的线和间隔宜各自相等。	
虚线与虚线应相交于线段处；虚线不得与实线的连接如图所示，以不易产生误解为出发点，单点画线同虚线。	
单点或双点画线端部不应是点。在较小的图形中，单点或双点画线可用细实线代替。	

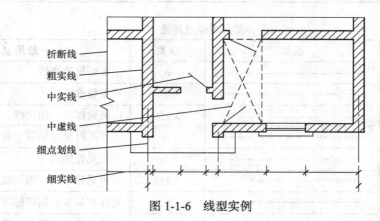

折断线

粗实线

中实线

中虚线

细点划线

细实线

图 1-1-6　线型实例

四、字体

　　工程图上的各种字，如汉字、数字、字母，一般均用黑墨水书写，且要求做到字体端正、笔画清楚、排列整齐、间隔均匀、不得潦草，以保证图样的规范性和通用性，避免发生错误而造成工程损失。

1. 汉字

　　图纸上书写的汉字应写成长仿宋体，做到横平竖直、起落分明、笔锋满格，布局均匀。字体的大小用字高表示，高宽比一般为 7:10。字高系列有 3.5mm、5mm、7mm、10mm、14mm、20mm 等，字高也称字号，如 5 号字的字高为 5mm。当需要书写更大的字时，其字高应按 $\sqrt{2}$ 的比值递增。图纸上的汉字宜采用长仿宋体，字的高与宽的关系，应符合表 1-1-6 的规定。在实际应用中，汉字的字高应不小于 3.5mm，长仿宋体字的实例如图 1-1-7 所示。

表 1-1-5　　　　　　　　　　　　　　　长仿宋体的基本写法

名称	横	竖	撇	捺	挑	点	钩
形状	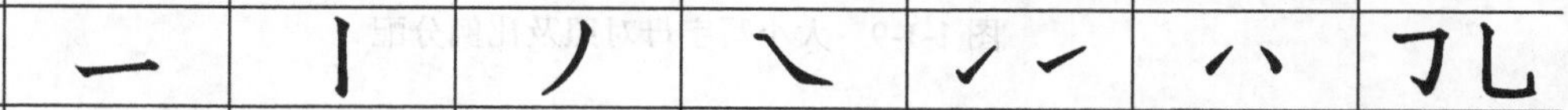 一	丨	丿	乀	丷	丷	乛乚
笔法	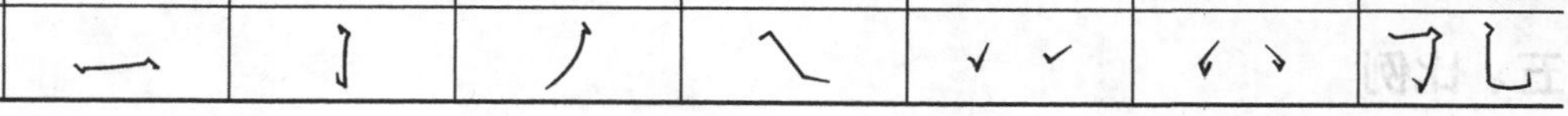 一	亅	丿	乀	丷	丷	乛乚

工 业 发 用 建 筑 厂 房 屋 平 立 剖 面 详 图
结 构 施 说 明 比 例 尺 寸 长 宽 高 厚 砖 瓦
木 石 土 砂 浆 水 泥 钢 筋 混 凝 截 校 核 梯
门 窗 基 础 地 层 楼 板 梁 柱 墙 厕 浴 标 号
制 审 定 日 期 一 二 三 四 五 六 七 八 九 十

图 1-1-7　长仿宋体实例

长仿宋体字的书写要领是：横平竖直，注意起落，结构匀称，填满方格。

横平竖直：横笔基本要平，可顺运笔方向稍向上倾斜 2°～5°；注意起落：横、竖的起笔和收笔，撇、钩的起笔，钩折的转角等，都要顿一下笔，形成小三角和出现字肩；结构匀称：笔画布局要均匀，字体构架要中正疏朗、疏密有致。几种基本笔画的写法如表 1-1-5 所示。

表 1-1-6　　　　　　　　　　　　　　　常用字高和字宽

字高	20	14	10	7	5	3.5
字宽	14	10	7	5	3.5	2.5

2. 字母与数字

图纸中表示数量的数字应用阿拉伯数字书写。阿拉伯数字、罗马数字或拉丁字母的字高应不小于 2.5mm。数字和字母有正体和斜体两种写法，但同一张图纸上必须统一。阿拉伯数字、罗马数字和拉丁字母的书写有一般字体和窄体字两种，其写法如图 1-1-8 和图 1-1-9 所示。

ABCDEFGHIJKLMNOPQRSTUV (10号)

WXYZ 75° *1234567890*

1234567890　I II III IV V VI IX X (7号)

ABCDEFGHIJKLMNOPQRSTUVWXYZ　φαβδ

ABCDEFGHIJKLMNOPQRSTUVWXYZ　1234567890 (5号)

ABCDEFGHIJKLMNOPQRSTUVWXYZ1234567890

图 1-1-8　字母和数字的书写

7

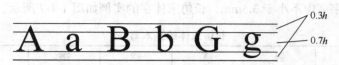

图 1-1-9　大小写字母对照及比例分配

五、比例

图样的比例，应为图形与实物相对应的线性尺寸之比。比例应用阿拉伯数字表示，如 1:200 即表示将实物尺寸缩小 200 倍进行绘制。比例宜注写在图名的右侧，如图 1-1-10 所示。国标中规定了建筑图样中常采用的比例。常用比例如表 1-1-7 所示。

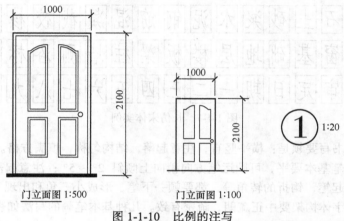

图 1-1-10　比例的注写

表 1-1-7	建筑图样常采用的比例
常用比例	1：1、1：2、1：5、1：10、1：20、1：50、1：100、1：150、1：200、1：500、1：1000、1：2000、1：5000、1：10 000、1：20 000、1：50 000、1：100 000、1：200 000
可用比例	1：3、1：4、1：6、1：15、1：25、1：30、1：40、1：60、1：80、1：250、1：300、1：400、1：600、

☼小提示

建筑行业常用的是缩小的比例，比例的大小只影响所绘制图样的大小，并不能影响尺寸的标注（尺寸数字仍要书写实际尺寸）。

六、尺寸标注

图样除了画出物体的投影外，还必须有完整的标注尺寸，尺寸标注的原则是：正确、完整、整洁、美观。《房屋建筑制图统一标准》规定了尺寸标注的基本要求和方法，在绘图时必须遵守。表 1-1-8 对尺寸标注做出了详尽的说明。

	说明	图例
总说明	1. 完整的尺寸标注,由下列内容组成: (1)尺寸界线(细实线); (2)尺寸线、(细实线); (3)尺寸起止符号(粗实线); (4)尺寸数字。 2. 实物的真实大小,应以图上所注尺寸数据为依据,与图形的比例无关。 3. 除标高及总平面图以米为单位外,尺寸单位都是毫米,不需要注明。	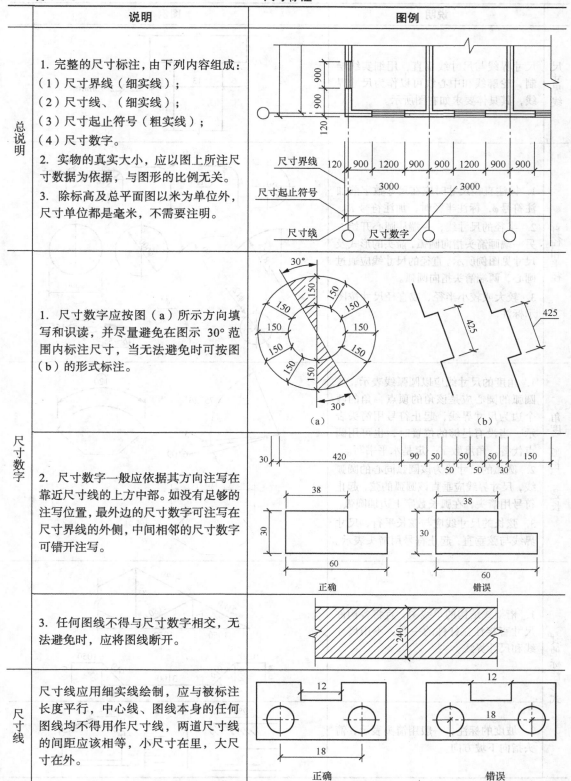
尺寸数字	1. 尺寸数字应按图(a)所示方向填写和识读,并尽量避免在图示 30° 范围内标注尺寸,当无法避免时可按图(b)的形式标注。	
	2. 尺寸数字一般应依据其方向注写在靠近尺寸线的上方中部。如没有足够的注写位置,最外边的尺寸数字可注写在尺寸界线的外侧,中间相邻的尺寸数字可错开注写。	
	3. 任何图线不得与尺寸数字相交,无法避免时,应将图线断开。	
尺寸线	尺寸线应用细实线绘制,应与被标注长度平行,中心线、图线本身的任何图线均不得用作尺寸线,两道尺寸线的间距应该相等,小尺寸在里,大尺寸在外。	

表 1-1-8　　　　　　　　　　尺寸标注

9

说明	图例
尺寸界线 尺寸界线与尺寸线垂直，用细实线绘制，轮廓线和中心线可以作为尺寸界线，其具体要求如右图所示。	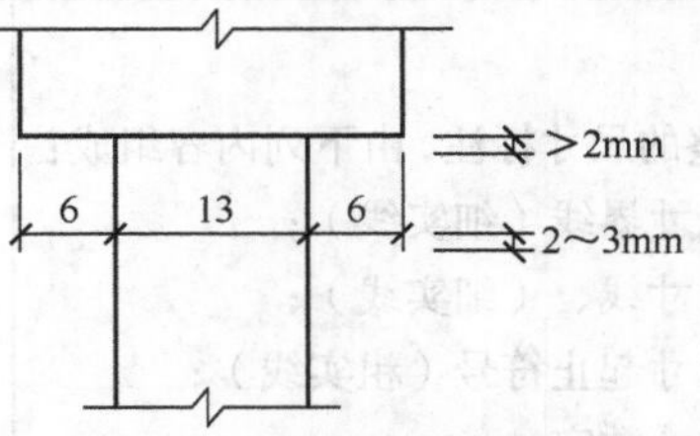
直径和半径 1. 标注直径尺寸时应在尺寸数字前加注符号ϕ，标注半径时，加注符号R。 2. 半径的尺寸线，一端从圆心开始，另一端画箭头指向圆弧，箭头的形式及尺寸见图例所示。直径的尺寸线应通过圆心，两端箭头指向圆弧。 3. 较大或较小半径、或直径尺寸按图示标注。	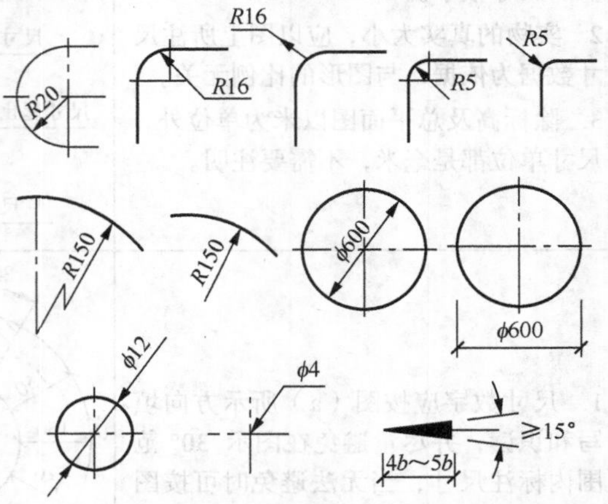
角度、弧长、弦长 1. 角度的尺寸线应以圆弧线表示，该圆弧的圆心应是该角的顶点，角的两个边为尺寸界线，起止符号用箭头表示，当没有足够的位置时，也可用圆点代替。角度数字一定是水平书写。 2. 圆弧的尺寸线为该圆弧同心的圆弧线，尺寸界线应垂直该圆弧的弦，起止符号用箭头，在弧长数字上边加圆弧。 3. 弦长的尺寸线应与弦长平行，尺寸界线与弦垂直，起止符号用箭头表示。	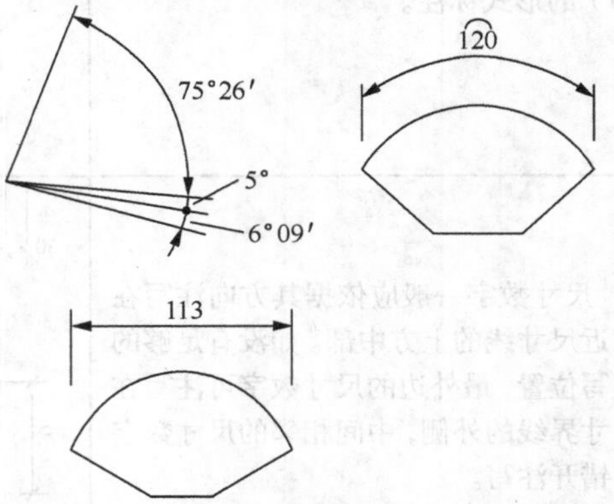
其他标注形式 1. 桁架式结构的单线图，宜将各构件尺寸直接注在杆件的一侧。不用尺寸线和尺寸界线。	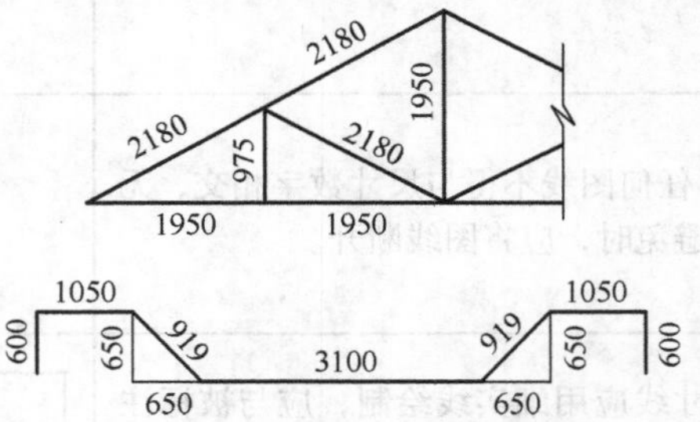
2. 坡度的标注，一般用箭头表示，箭头指向下坡方向。	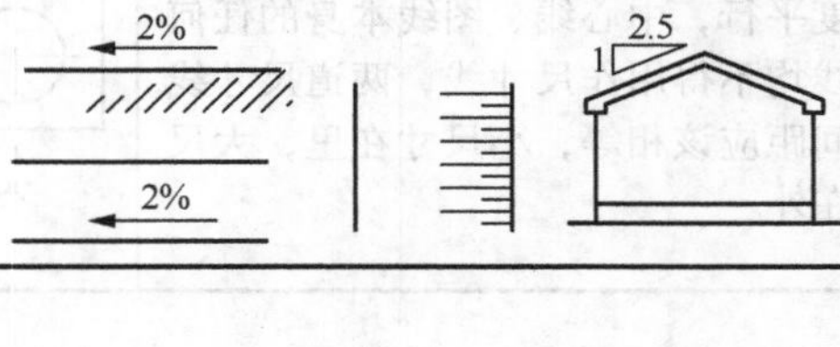

续表

说明	图例
其他标注形式	3. 薄板的标注形式。	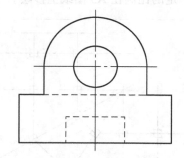

知识拷问

1. 找出下图图线绘制中出现的错误，用圆圈圈出来，并画出正确的图形。

2. 找出下图中尺寸标注存在的错误，并给出正确的画法。

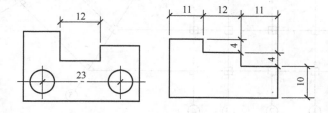

课堂讨论

各组总结归纳国标都在哪些方面制定了哪些标准？大家根据这些标准来讨论一下标准在实际工作中会有什么作用？或者说没有这些标准会出现什么问题？并且根据自己的实际情况，来说一下，尺寸标注中最容易出现的错误有哪些？

技能训练

用铅笔绘制 A4 图框，图框应包括标题栏和会签栏，标题栏和会签栏的样式分别如图 1-1-4 和图 1-1-3 所示。

自我测试

1. 二号图纸的具体尺寸是多少？标题栏和会签栏的边框分别用什么线绘制？
2. 常用图线的种类有哪些？分别有什么用途？
3. 字号是怎么规定的？字高和字宽是怎么规定的？
4. 尺寸标注的组成有哪些？都有些什么要求？

任务 2　绘图仪器和工具的使用

工作任务

熟练掌握各种绘图工具的使用方法和用途，并能熟练使用工具来绘制基本图形，根据图 1-2-1 所示量取尺寸，并选择一定的比例在 A3 图纸上抄绘。

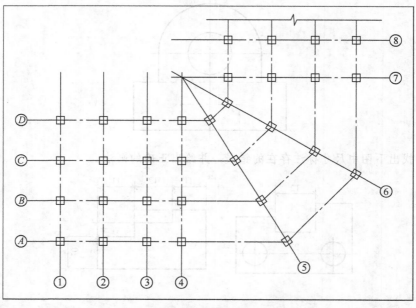

图 1-2-1　量取尺寸

知识链接1.2

一、制图工具、仪器

1. 图板

图板是用来固定图纸的，一般用胶合板制成，板面必须平整，图板的短边为工作边，也称为导边，要求光滑平直。图板和图纸型号相对应，但比同号图纸稍大。图板切不可放置潮湿或高温环境下，以防板面翘曲和开裂，如图 1-2-2 所示。

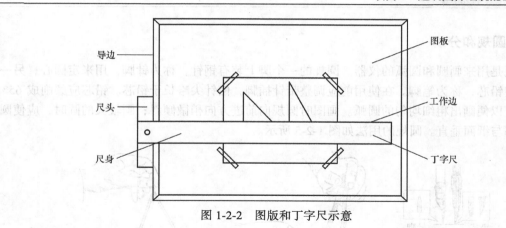

图 1-2-2　图版和丁字尺示意

2. 丁字尺

丁字尺是主要用于画水平方向直线的工具，丁字尺为丁字形尺，常用材料是有机玻璃。由相互垂直的尺头、尺身组成。画线时，丁字尺的尺头紧靠图板的左侧工作边，只允许沿左边缘上下移动，只允许在尺身上侧画线。用丁字尺画水平线的顺序是自上而下，自左向右依次画出。丁字尺的常用方法如图 1-2-3 所示。

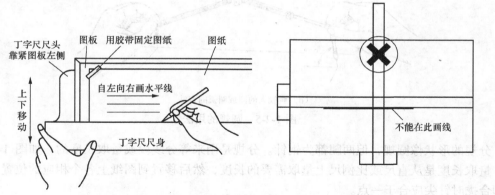

图 1-2-3　丁字尺的使用方法

3. 三角板

三角板是制图的主要工具之一。三角板常与丁字尺或一字尺配合使用。副三角板配合丁字尺或一字尺除了可以画 30°、45°、60°、90° 斜线外，还可以画 15°、75° 斜线，还能推出任意方向的平行线，如图 1-2-4 所示。

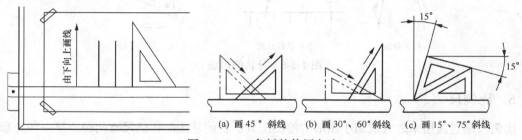

(a) 画 45° 斜线　　(b) 画 30°、60° 斜线　　(c) 画 15°、75° 斜线

图 1-2-4　三角板的使用方法

4．圆规和分规

圆规是用来画圆和圆弧的仪器。圆规的一个脚上装有钢针，称为针脚，用来定圆心；另一个脚可装铅芯，称为笔脚。在使用前应调整带针插脚，使针尖略长于铅芯。铅芯应磨削成 65°的斜面。以便画出粗细均匀的圆弧。画图时圆规向前进方向稍微倾斜；画较大的圆时，应使圆规两脚都与纸面垂直。圆规的用法如图 1-2-5 所示。

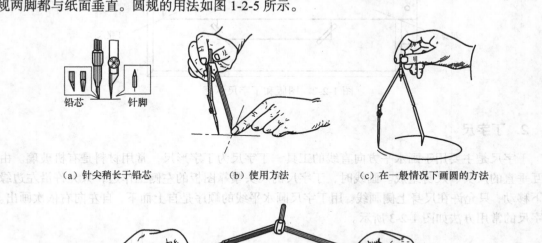

（a）针尖稍长于铅芯　　（b）使用方法　　（c）在一般情况下画圆的方法

（d）画较大的圆或圆弧的方法

图 1-2-5　圆规的用法

分规的形状像圆规，但两腿都为钢针。分规是用来等分线段或量取长度的，如图 1-2-6 所示。量取长度是从直尺或比例尺上量取需要的长度，然后移置到图纸上各个相应的位置。分规两脚合拢时针尖应合于一点。

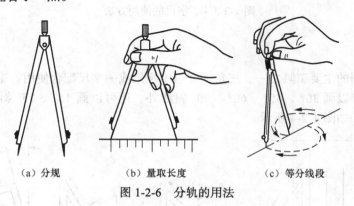

（a）分规　　　　（b）量取长度　　　　（c）等分线段

图 1-2-6　分轨的用法

5．比例尺

比例尺是直接用来放大或缩小图形的绘图工具。目前常用的比例尺有两种，第一种外形呈三棱柱体，上有六种不同比例的三棱比例尺，如图 1-2-7（a）所示；第二种比例尺采用有机玻璃材料，上有三种不同比例的比例直尺，如图 1-2-7（b）所示。

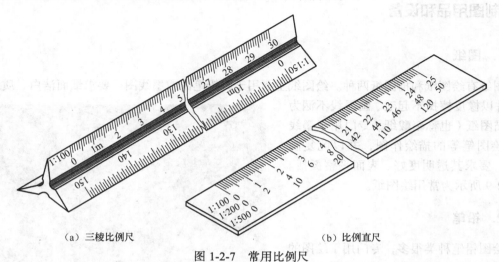

（a）三棱比例尺　　　　　　　　　　（b）比例直尺

图 1-2-7　常用比例尺

6. 曲线板

曲线板是绘制非圆曲线的工具之一。单式曲线板一套共十二块，每块都由许多不同曲率的曲线组成。复式曲线板如图 1-2-8（a）所示。曲线板的使用如图 1-2-8（b）所示。

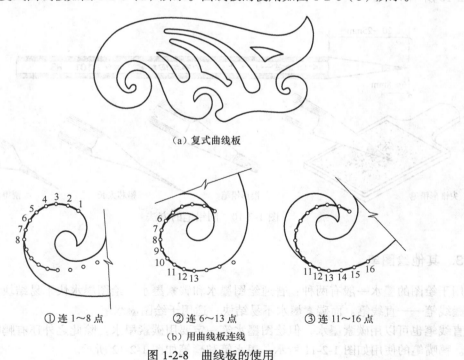

（a）复式曲线板

①连 1～8 点　　　　②连 6～13 点　　　　③连 11～16 点

（b）用曲线板连线

图 1-2-8　曲线板的使用

☼小提示

　　只能在丁字尺的上方绘制图线，丁字尺的尺头只能扣在图板的左侧，三角板可以绘制 15°倍数的线。在图形的绘制过程中，注意用分规来量取，量取精度比尺子要准确。

二、制图用品和设备

1. 图纸

图纸有绘图纸和描图纸两种。绘图纸主要用于画铅笔图或墨线图,要求纸面洁白、质地坚实,并以橡皮擦拭不起毛、画墨线不洇为好。描图纸(也称硫酸纸)专门用于墨线笔或绘图笔等的描绘作图,并以此复制蓝图,要求其透明度好、表面平整挺括。图 1-2-9 所示为常用绘图纸。

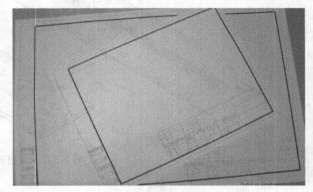

图 1-2-9　常用绘图纸

2. 铅笔

绘图铅笔种类很多,专门用于绘图的铅笔是"中华绘图铅笔",其型号以铅芯的软硬程度来分,H 表示硬,B 表示软;前面的数字越大表示越硬或越软;HB 表示软硬适中。绘图时常用 H 或 2H 的铅笔打底稿,HB 铅笔写字,2B 铅笔加深。铅笔的削法如图 1-2-10 所示。

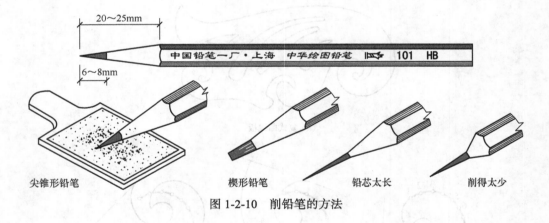

　20～25mm

中国铅笔一厂·上海　中华绘图铅笔　101　HB

6～8mm

尖锥形铅笔　　　　　楔形铅笔　　　　铅芯太长　　　　削得太少

图 1-2-10　削铅笔的方法

3. 其他绘图笔

用于绘图的墨水一般有两种:普通绘图墨水和碳素墨水。绘图墨水快干易结块,适用于传统的墨线笔——直线笔。而碳素墨水不易结块,适用于绘图墨水笔。

直线笔也可以用碳素墨水,但绘图墨水笔一定要用碳素墨水。除此之外还有鸭嘴笔和墨水蘸笔。鸭嘴笔的使用如图 1-2-11 所示。墨水笔和蘸笔如图 1-2-12 所示。

4. 制图模板

目前有很多专业型的模板,如建筑模板、结构模板、轴测图模板、数字模板等,图 1-2-13 所示为建筑制图模板。

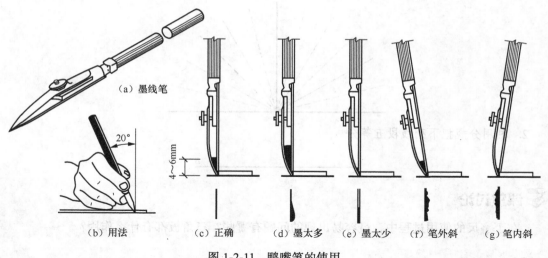

图 1-2-11　鸭嘴笔的使用

图 1-2-12　墨水笔和蘸笔

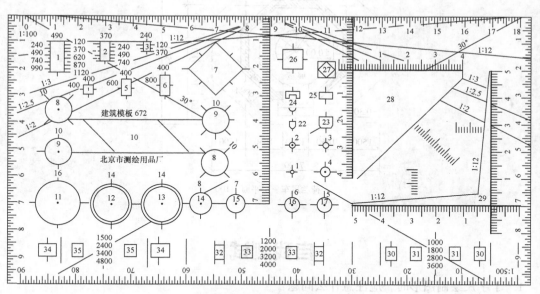

图 1-2-13　建筑制图模板

知识拷问

1. 使用丁字尺和三角板配合绘制斜度为 15° 倍数的线。

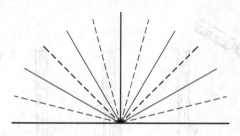

2. 利用分规把下列线段五等分

A ————————————————————————————— B

课堂讨论

在丁字尺的使用过程中，最容易出现的问题有哪些？三角板都有什么作用？

技能训练

在规定时间内完成下列图形的抄绘（根据同学对绘图工具的熟悉程度设置时间）。要求在绘制过程中严格遵循工具的正确使用方法，遵照国标的相关要求。

18

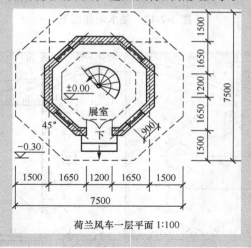

荷兰风车一层平面 1:100

自我测试

1. 丁字尺绘制图形时，应注意什么问题？
2. 怎么用三角板绘制图线？能绘制哪些图线？
3. 圆规和分规有什么不同？怎样使用？

任务 3　几何作图

　工作任务

本任务主要是掌握基本的几何作图方法，进一步熟悉绘图工具，能够正确使用绘图工具，运用正确的几何作图方法，在 A3 图纸上快速地绘制出图 1-3-1 所示的图形。

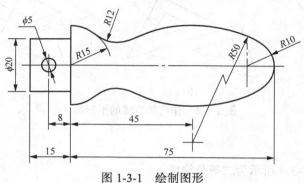

图 1-3-1 绘制图形

 知识链接1.3

一、基本几何作图

1. 作已知直线的平行线

作已知直线的平行线的作图过程如图 1-3-2 所示。

① 已知直线 *AB* 和直线外一点 *C*。

② 使三角板 a 的一个直角边与直线 *AB* 重合，其另一个直角边与三角板 b 的一个边紧贴。三角板 b 作为导边。如图 1-3-2（b）所示。

③ 按住三角板 b 不动，推动三角板 a，使其靠着 b 三角板滑动，当 a 的直角边到达 *c* 点，作出新直线，该直线即与 *AB* 平行，如图 1-3-2（c）所示。

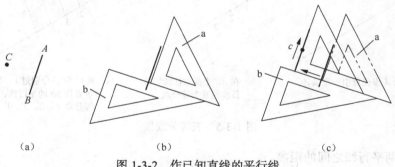

（a） （b） （c）

图 1-3-2 作已知直线的平行线

2. 过点作已知直线的垂直线

过点作已知直线的垂直线的作图过程如图 1-3-3 所示。

① 已知直线 *AB* 和点 *C*。

② 使三角板 a 的一个直角边与直线 *AB* 重合，另一个三角板 b 的直角边（或斜边）紧贴 a 的斜边（或直角边），如图 1-3-3（b）所示；

③ 按住三角板 b 不动，推动三角板 a，使 a 的另一直角边紧贴 *C* 点，过 *C* 点作出新直线。该直线即与直线 *AB* 垂直。

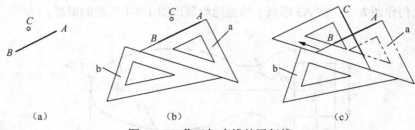

图 1-3-3　作已知直线的平行线

3. 等分直线

（1）二等分（图 1-3-4 所示为二等分线段）。

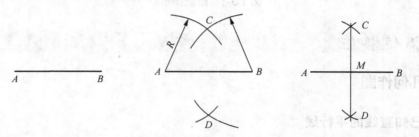

（a）已知线段 AB

（b）分别以 A、B 为圆心，以大于 $\frac{1}{2}AB$ 的长度 R 为半径作弧，两弧交于 C、D

（c）连接 CD 交 AB 于 M，M 即为 AB 的中点

图 1-3-4　二等分线段

（2）任意等分（图 1-3-5 所示为五等分示意）。

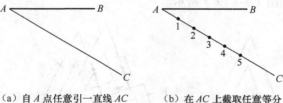

（a）自 A 点任意引一直线 AC

（b）在 AC 上截取任意等分长度的五个等分点

（c）连接 5B，分别过 1、2、3、4 各点作 5B 的平行线，即得等分点 1′、2′、3′、4′

图 1-3-5　五等分线段

（3）等分两平行线之间的距离。

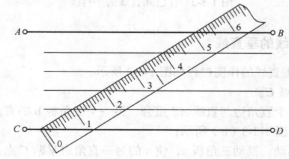

图 1-3-6　等分两平行线距离

① 已知两平行线 *AB*、*CD*，要求将其 5 等分。

② 置直尺 0 点于任一直线如 *CD* 上，摆动尺身，使刻度 5（或 5 的倍数）落在 *AB* 上，截得各等分点。

③ 过各等分点作 *AB* 的平行线，即为所求。

4. 等分圆周

等分圆周的方法如表 1-3-1 所示。

表 1-3-1　　　　　　　　　　　　几种等分圆周的作图步骤

份数	作图步骤		
三等分	（a）已知半径为 *R* 的圆及圆上两点 *A*、*D*	（b）以 *D* 为圆心，*R* 为半径作弧得 *B*、*C* 两点	（c）连接 *AB*、*AC*、*BC*，即得圆内接正三角形
六等分	（a）已知半径为 *R* 的圆及圆上两点 *A*、*D*	（b）分别以 *A*、*D* 为圆心，*R* 为半径作弧得 *B*、*C*、*E*、*F* 各点	（c）依次连接各点即得圆内接正六边形 *ABCDEF*
五等分	（a）已知半径为 *R* 的圆及圆上的点 *P*、*N*，作 *ON* 的中点 *M*	（b）以 *M* 为圆心，*MA* 为半径作弧交 *OP* 于 *K*，*AK* 即为圆内接正五边形的边长	（c）以 *AK* 为边长，自 *A* 点起，五等分圆周得 *B*、*C*、*D*、*E* 点，依次连接各点，即得圆内接正五边形 *ABCDE*

21

份数	作图步骤
任意等分	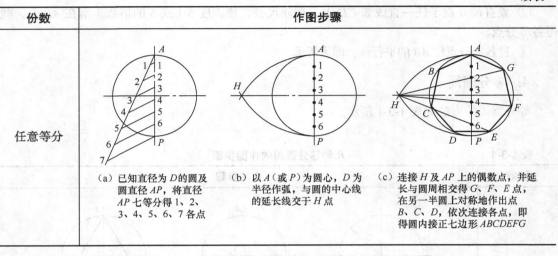 （a）已知直径为 D 的圆及圆直径 AP，将直径 AP 七等分得 1、2、3、4、5、6、7 各点 　（b）以 A（或 P）为圆心，D 为半径作弧，与圆的中心线的延长线交于 H 点 　（c）连接 H 及 AP 上的偶数点，并延长与圆周相交得 G、F、E 点，在另一半圆上对称地作出点 B、C、D，依次连接各点，即得圆内接正七边形 ABCDEFG

☆小提示

　　等分线段还可以用到上节课讲过的分规，尝试一下，看能否用分规来等分圆周？等分圆周也可以用三角板、尺子作图，自己思索一下应该怎么来作图？图 1-3-7 给出的是三等分圆周的三角板、尺子的作图方法。

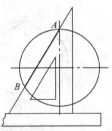 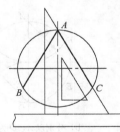 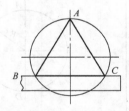

（a）将 60°三角板的短直角边紧靠丁字尺工作边，沿斜边过点 A 作直线 AB　（b）翻转三角板，沿斜边过点 A 作直线 AC　（c）用丁字尺连接 BC，即得圆内接正三角形 ABC

图 1-3-7　三等分圆周

二、圆弧连接

1．作图原理

　　圆弧连接的作图，其核心是求连接圆弧的圆心和切点。要想求得圆心的位置，必须了解内切和外切的知识。

　　（1）圆弧与直线连接（相切）。

　　① 连接弧圆心的轨迹为一平行于已知直线的直线，两直线间的垂直距离为连接弧的半径 R；

　　② 由圆心向已知直线作垂线，其垂足即为切点，如图 1-3-8 所示。

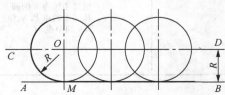

图 1-3-8　直线与圆相切

22

（2）圆弧与圆弧连接（外切）。

① 连接弧圆心的轨迹为一与已知圆弧同心的圆，该圆的半径为两圆弧半径之和（R_1+R）。

② 两圆心的连线与已知圆弧的交点即为切点，如图1-3-9（a）所示。

（3）圆弧与圆弧连接（内切）。

① 连接弧圆心的轨迹为一与已知圆弧同心的圆，该圆的半径为两圆弧半径之和（R_1-R）。

② 两圆心的连线的延长线与已知圆弧的交点即为切点，如图1-3-9（b）所示。

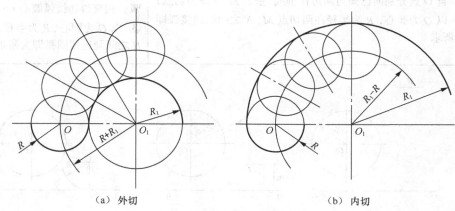

（a）外切 　　　　　　　　　（b）内切

图1-3-9　圆与圆内切和外切

> ☆小提示
>
> 　　与已知直线相切的半径为 R 的圆的圆心位置在与该直线相距为 R 的两条平行线上。与已知圆（R_1）相外切的半径为 R 的圆的圆心位置在与该已知圆的圆心为圆心，以 R_1+R 为半径的圆周上。同理与已知圆（R_1）相内切的半径为 R 的圆的圆心位置在与该已知圆的圆心为圆心，以 R_1-R（或 $R-R_1$）为半径的圆周上。

2. 圆弧连接作图

用指定半径的圆弧，将已知两直线或已知两圆弧，或已知一直线与一圆弧光滑无接痕地连接起来，称为圆弧连接。作圆弧连接，必须具备三个要素：连接圆弧的半径 R、连接圆弧的圆心 O 及连接圆弧的起止位置即切点 T_1、T_2。圆弧连接作图如表1-3-2所示。

表1-3-2　　　　　　　　　　　　　　圆弧连接作图

类别	作图实例		
直线与直线连接			

类别	作图实例

<table>
<tr><td rowspan="2">直线与直线连接</td><td>1. 用圆弧连接锐角或钝角的两边
① 作与已知角两边分别相距 R 的平行线，交点 O 即为连接弧的圆心；
② 自 O 点分别向已知角两边作垂线，垂足 M、N 即为切点；
③ 以 O 为圆心，R 为半径在两切点 M、N 之间画连接弧即为所求</td><td>2. 用圆弧连接直角的两边
① 以顶角为圆心，R 为半径画弧，交直线两边于 M、N；
② 以 M、N 为圆心，R 为半径画弧，相交得连接弧圆心 O；
③ 以 O 为圆心，R 为半径，在 M、N 之间画连接圆弧即为所求</td></tr>
</table>

直线与圆弧连接

① 已知直线 AB，半径为 R_1 的圆 O_1，连接弧半径 R

② 以 R 为间距，作 AB 直线的平行线与以 O_1 为圆心，$R+R_1$ 为半径所作的弧交于 O，O 即为所求连接弧圆心

③ 连 OO_1 交圆于 E 点，过 O 作 OF 垂直直线 AB，F 为垂足，以 O 为圆心，R 为半径，过 E、F 作弧，即为所求

① 已知直线 AB，半径为 R_1 的圆 O_1，连接弧半径 R

② 以 R 为间距作 AB 直线的平行线与以 O_1 为圆心，$R-R_1$ 为半径所作的弧交于 O，O 即为所求连接弧的圆心

③ 连 OO_1 并延长交圆于 E 点，过 O 作 OF 垂直 AB，F 为垂足，以 O 为圆心，R 为半径过 E、F 点作弧，即为所求

圆弧与圆弧连接 | **外连接**

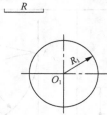

① 已知圆 O_1、O_2，半径分别为 R_1、R_2，连接弧半径为 R

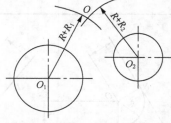

② 分别以 O_1、O_2 为圆心，$R+R_1$、$R+R_2$ 为半径作弧，并交于点 O，O 即为连接弧圆心

类别	作图实例

圆弧与圆弧连接

外连接

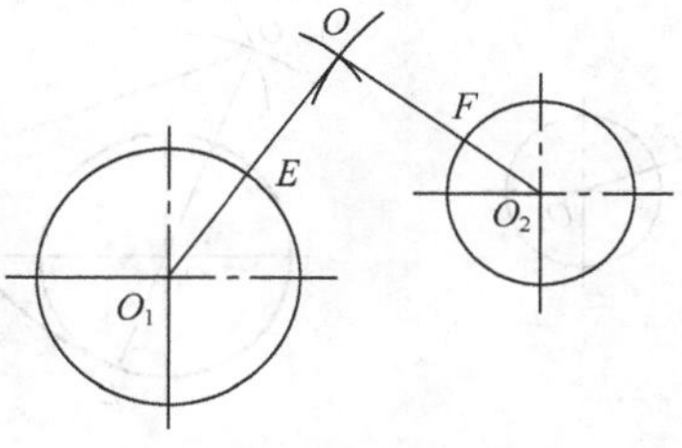

③ 连接 OO_1、OO_2 与两圆的圆周分别交于 E、F 点，E、F 点即为切点

④ 以 O 为圆心，R 为半径，自切点 E、F 作弧，即为所求

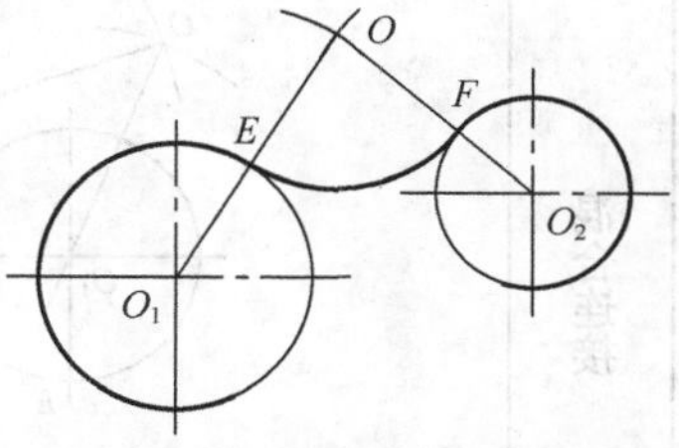

内连接

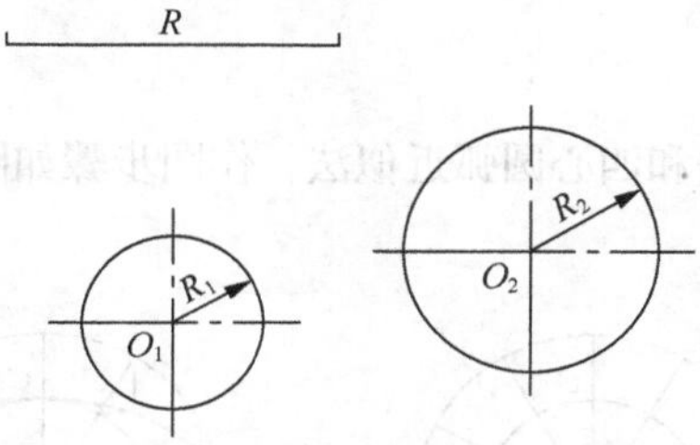

① 已知圆 O_1、O_2，半径分别为 R_1、R_2，连接弧半径为 R

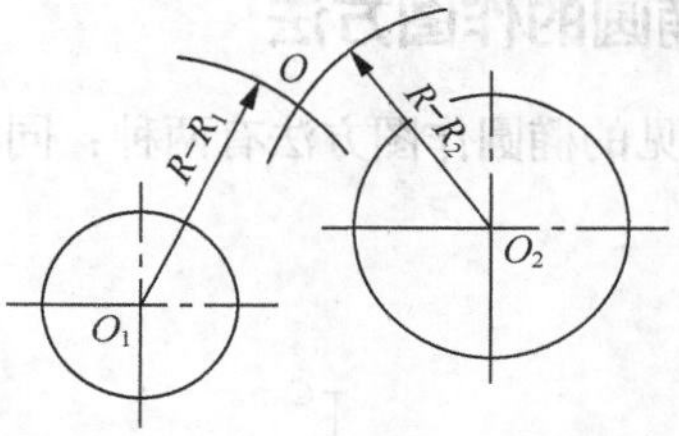

② 分别为 O_1、O_2 为圆心，$R-R_1$、$R-R_2$ 为半径作弧，并交于点 O，O 即为连接弧圆心

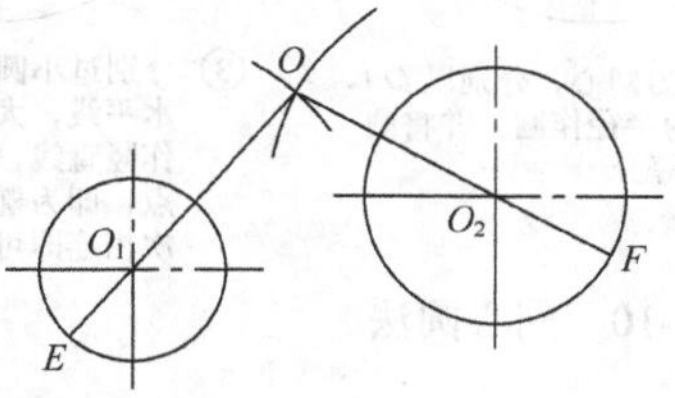

③ 连 OO_1、OO_2 并延长与两圆的圆周分别交于 E、F 点，E、F 点即为切点

④ 以 O 为圆心，R 为半径，自切点 E、F 作弧，即为所求

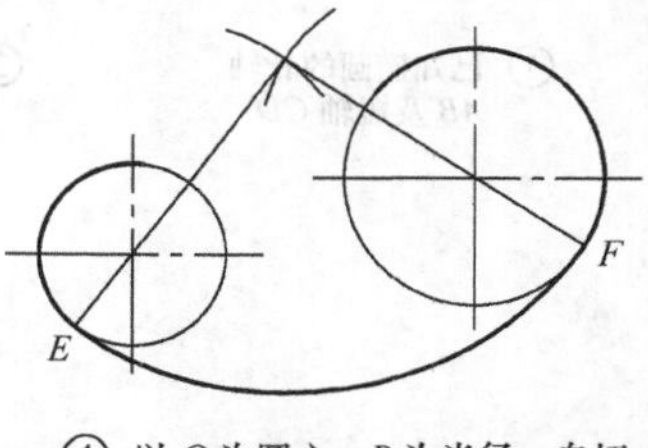

混合连接

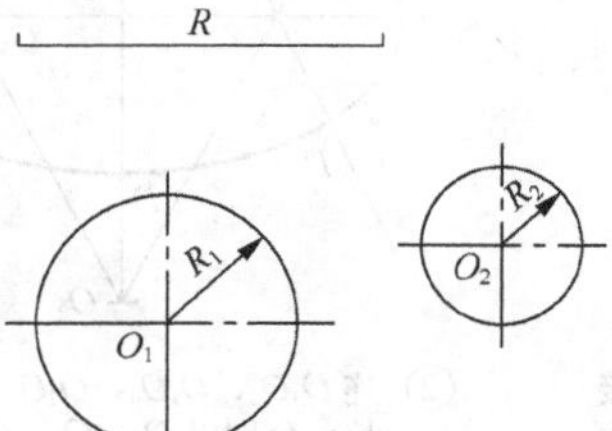

① 已知圆 O_1、O_2，半径分别为 R_1、R_2，连接弧半径为 R

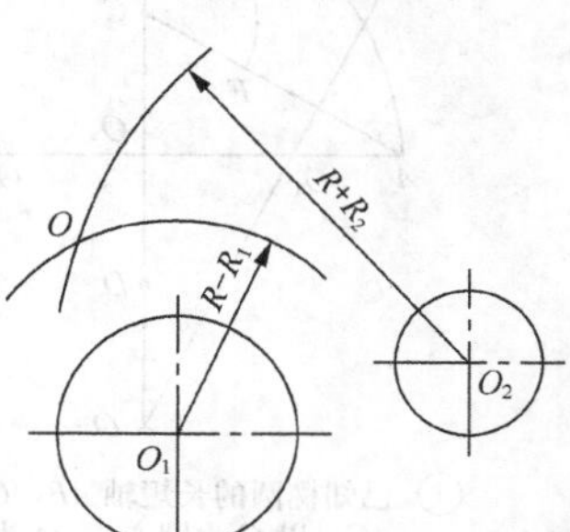

② 分别以 O_1、O_2 为圆心，$R-R_1$、$R+R_2$ 为半径作弧，并交于点 O，O 即为连接弧圆心

25

类别		作图实例
圆弧与圆弧连接	混合连接	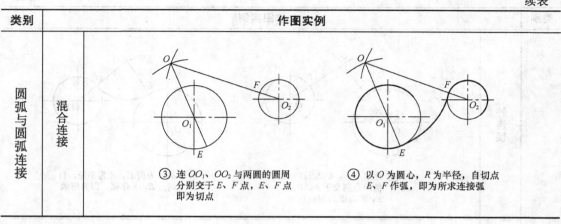
		③ 连 OO_1、OO_2 与两圆的圆周分别交于 E、F 点，E、F 点即为切点 ④ 以 O 为圆心，R 为半径，自切点 E、F 作弧，即为所求连接弧

三、椭圆的作图方法

常见的椭圆作图方法有两种：同心圆法和四心圆弧近似法，作图步骤如图 1-3-10 和图 1-3-11 所示。

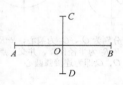

① 已知椭圆的长轴 AB 及短轴 CD

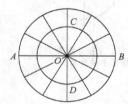

② 以 O 为圆心，分别以 OA、OC 为半径作圆，并将圆十二等分

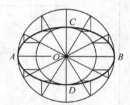

③ 分别过小圆上的等分点作水平线，大圆上的等分点作竖直线，其各对应的交点，即为椭圆上的点，依次相连即可

图 1-3-10 同心圆法

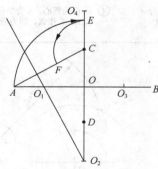

① 已知椭圆的长短轴 AB、CD。连接 AC，以 O 为圆心，OA 为半径作弧交 OC 的延长线于点 E，以 C 为圆心，CE 为半径作弧交 AC 于点 F，作 AF 的垂直平分线，交长轴于 O_1，短轴于 O_2，作 $OO_3=OO_1$，$OO_4=OO_2$

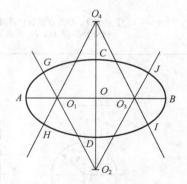

② 连 O_1O_2、O_1O_4、O_2O_3、O_3O_4 并延长，分别以 O_1、O_2、O_3、O_4 为圆心，O_1A、O_3B、O_2C、O_4D 为半径作弧，使各弧相接于 G、H、I、J 点，即为所求

图 1-3-11 四心法

知识拷问

1. 过直线上或直线外的一点，画下列直线的垂线。

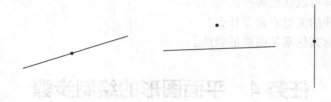

2. 作一个长 3cm、宽 2cm 的长方形。

3. 用给定半径完成两直线的连接。

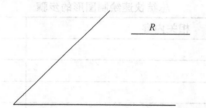

课堂讨论

圆弧连接最容易出现的问题有哪些？怎样确定是内接还是外接？当圆弧连接出现多种情况的时候怎么判断？

技能训练

在规定时间内完成下列图形的绘制，练习几何作图的作图技巧。

1. 已知连接圆弧的半径，把所给两个圆弧圆滑地连接起来。

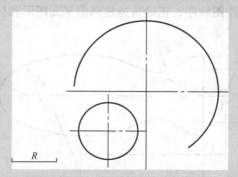

2. 做正 8 边形（外接圆直径为 50）。
3. 画出短轴为 20 和长轴为 30 的椭圆。

自我测试

1. 口述总结怎样可以任意等分圆周?
2. 进行圆弧连接的关键要素是什么?
3. 自己查阅探索其他常见曲线的做法。

任务 4　平面图形的绘制步骤

 工作任务

在进行前面的绘图工具和几何作图两大任务时,都绘制了相关图形,请你自己总结一下怎么才能快速绘制出正确、漂亮、美观的图形,整理出来,填入表 1-4-1 中,并记录自己的绘图经验和出现的错误。

表 1-4-1　　　　　　　　　　总结快速绘制图形的步骤

步骤	相关内容	容易出现的问题
第一步		
第二步		
第三步		

 知识链接 1.4

一、平面图形尺寸分析

平面图形是由许多线段连接而成的,如下图 1-4-1 手柄平面图。画图前首先要对图形尺寸和线段进行分析,以便明确作图顺序,正确快速地画出平面图形和标注尺寸。

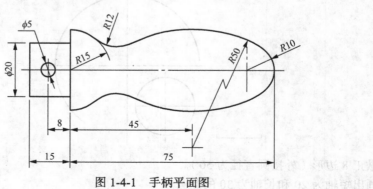

图 1-4-1　手柄平面图

1. 尺寸分析

平面图形中的尺寸按其作用不同分为定形尺寸和定位尺寸两大类。

定形尺寸：用于确定平面图形中各几何元素形状大小的尺寸。如图 1-4-1 中直线段的长度、圆的直径、圆弧半径等。

定位尺寸：用于确定几何要素在平面图形中所处位置的尺寸。如图 1-4-1 中，尺寸 8 确定了 $\phi5$ 的圆心位置；45 确定了 R50 圆心左右方向的一个定位尺寸；75 间接地确定了 R10 圆弧的左右位置。定位尺寸的起点称为尺寸基准。对平面图形而言，有长（左右）和宽（上下）两个不同方向的尺寸基准。尺寸基准通常选择图形中的对称线、中心线或某一轮廓线。对于回转体一般以回转轴线作为径向尺寸基准，以重要端面为轴向尺寸基准。

2. 线段分析

平面图形中的线段（直线或圆弧），根据其定位尺寸的齐全与否可分为三类：已知线段、中间线段和连接线段。

已知线段：具有定形尺寸和齐全的定位尺寸的线段。

中间线段：具有定形尺寸和不齐全的定位尺寸的线段（或圆弧）。如图 1-4-1 中 R50 圆弧，仅具有半径和圆心的一个定位尺寸 45。中间线段需要一端相邻的线段做出后才能作出。

连接线段：具有定形尺寸而没有定位尺寸的线段（或圆弧）。如图 1-4-1 中 R12 圆弧，仅具有半径，圆心的定位尺寸都没有。连接线段需要依靠两端相邻的线段做出后才能作出。

> ☼小提示
> 在进行尺寸分析时，有可能某个尺寸既是定形尺寸定位尺寸，具有双重作用。在平面图形的绘制过程中，先进行线段分析，以便决定画图的步骤和连接方法，一般先画已知线段，再画中间线段，最后画连接线段。

29

二、平面图形的绘制步骤

1. 绘图准备

（1）将图板、丁字尺、三角板、画图桌等绘图仪器及工具擦干净，把必需的制图工具及仪器放在适当的位置，在整个作图过程中要经常进行清洁工作，以保持图面的清洁。

（2）阅读图样，进行尺寸和线段分析，拟定绘图顺序，并根据绘图的数量、内容及大小，选定比例，确定图幅。固定图纸，一般固定在板的左下方，然后开始绘图。

2. 绘制草稿（要用削尖的 H 或 2H 铅笔轻轻画出）

（1）画图框和标题栏。

（2）考虑图的布局和整体安排，使图离图框线和图间的间距均匀，安排整张图纸中应画各图的位置，使各图既安排合理，不拥挤，又节约图纸。

（3）画图形时，应先画图形的基线，即定位线，然后再画细部。

（4）画尺寸线和尺寸界线，箭头可暂不画，数字可暂不写，留待加深时再统一画，统一写。

3. 加深底稿

（1）加深时，粗线和中粗线常用 B 或 HB 铅笔加深，细线常用 H 或 HB 铅笔加深，加深圆弧时，圆规的铅芯应比加深直线的铅笔芯软一号。

（2）加深图线时，先画粗实线，再画中虚线，然后画细实线，最后画双点画线、折断线和波浪线。加深同类型图线时，先曲后直，从上向下，从左向右加深所有竖线，再加深所有倾斜线。最后，加深尺寸线和尺寸界线，画起止符号。

（3）填写尺寸数字等。经校对无误后，签字。

4. 墨线加深

用墨线加深的步骤与用铅笔加深的步骤相同。上墨线的工作必须耐心细致，忌粗枝大叶。墨水瓶不可放在图纸上，以免倾倒玷污图纸。

☼ **小提示**

在绘制底稿时，线型可不必区分粗细，铅笔应该细而且要淡，便于修改。绘制图线时，为了保证图线均匀，应该转动铅笔，并经常地削铅笔，保证线宽。

知识拷问

1. 加深图线的顺序是什么（按线型回答和按方向回答）？
2. 什么是定形尺寸和定位尺寸？请举例说明。

课堂讨论

总结一下自己在前两个单元图形绘制过程中存在的问题，走了哪些弯路？大家谈论一下，在平面图形绘制过程中的感受。

技能训练

在 A4 的图纸上抄绘下图，选择合适的比例（尺寸以量取的为依据）。考虑布局，注重绘制过程。

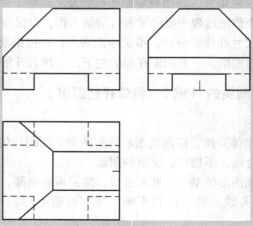

自我测试

1. 在平面图形中存在哪几种线段？如何区分？
2. 平面图形绘制过程中，绘制底稿需要注意什么？
3. 怎么进行图线的加深？

综合任务 按国标绘制图形

要求：在 A3 图纸上按要求绘制图形。要求在图纸的左侧按照国标要求用长仿宋体书写图 1-5-1 所示的文字，右侧抄绘图 1-5-2。

作业1 线 型

一、目的

1．熟悉图纸幅面的大小，掌握图框及标题栏的画法。

2．熟悉主要线型的形式、规格及其画法。

3．学会长仿宋体字、数字、字母的正确书写方法。

4．掌握与本次作业有关的几何作图方法。

5．掌握尺寸界线、尺寸线、箭头的画法以及尺寸数字的注写规则，学会常用尺寸的标注方法。

6．基本掌握常用绘图工具的使用方法以及绘图仪器的操作方法和技能。

二、内容和要求

1．绘制图框和标题栏，并按示范图例绘制各种图线。

2．用A4图纸，竖放，不标注尺寸，比例1：1。

三、绘图步骤

画底稿。

(1) 画图框。

(2) 在右下角画标题栏。

(3) 按图例所注尺寸作图。

(4) 校对底稿，擦去多余图线。

四、注意点

1．粗实线的宽度建议采用0.7mm，细线宽约0.2～0.3mm。

2．尺寸数字采用3.5号字，箭头宽约0.7mm，长约3～4mm。

3．各种图线的相交画法应符合要求。

4．填写标题栏。图名：线型练习；图号：01.01；在相应栏内填写：

姓名、班级、学号、比例、日期等内容。按书中作业标题栏格式绘制。

图 1-5-1 文字内容

31

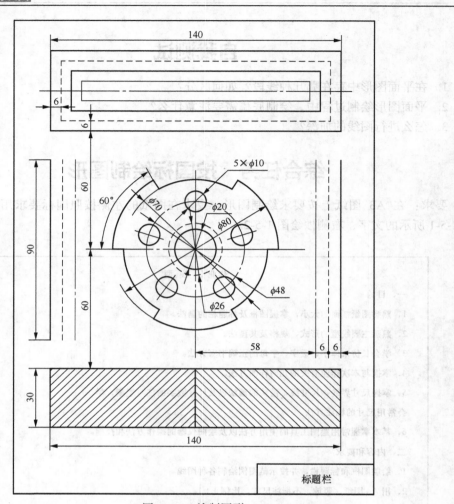

图 1-5-2　绘制图形

项目 2
建筑投影基础知识

知识目标

- 了解投影的分类和特点。
- 掌握三视图的形成和展开。
- 掌握点、线、面的投影规律。

能力目标

- 能够理解三视图的形成过程。
- 能根据投影规律来分析点线面的性质。
- 能分析坐标与投影的关系,能根据投影分析点线面的方位关系。

任务 1　三面投影图的认知

工作任务

　　建筑施工过程中,图纸起到至关重要的作用,可我们建筑各类图纸都是怎么得到的?平面图、正立面、侧立面都代表什么意义?阅读图 2-1-1 来理解和认知投影和三视图的形成和展开,理解各条图线代表的意义。

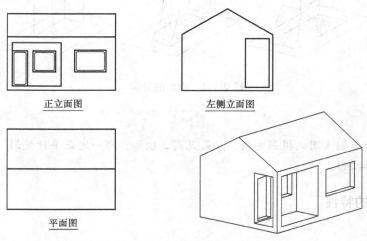

正立面图　　　　　　　　　左侧立面图

平面图

图 2-1-1　房屋三面正投影

知识链接2.1

一、投影的形成及分类

1. 投影的形成

当光线照射在物体上时会在墙面或地面上产生影子，这种影子是不能反映形状的。但是如果我们把物体的轮廓线都反映在落影平面上，这样的影子能够反映出物体的轮廓形状，我们就称其为投影。在制图中，把光源称为投影中心，光线称为投射线，光线的射向称为投射方向，落影的平面（如地面、墙面等）称为投影面，影子的轮廓称为投影，用投影表示物体的形状和大小的方法称为投影法，用投影法画出的物体图形称为投影图，如图 2-1-2 所示。投影形成的三要素为：投影线、投影面和物体。

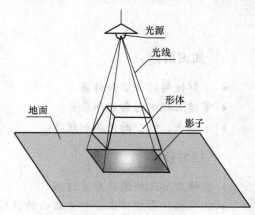

图 2-1-2　投影的形成

2. 投影的分类

根据投射方式的不同，投影法一般分为两类：中心投影法和平行投影法。

由一点放射的投射线所产生的投影称为中心投影，如图 2-1-3（a）所示，由相互平行的投射线所产生的投影称为平行投影。平行投射线倾斜于投影面的称为斜投影，如图 2-1-3（b）所示；平行投射线垂直于投影面的称为正投影，如图 2-1-3（c）所示。

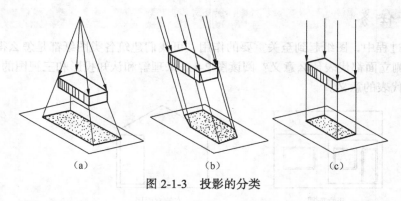

（a）　　　　　　　　（b）　　　　　　　　（c）

图 2-1-3　投影的分类

☆小提示

平行投影是我们常用的投影方法，如果说到正投影，那一定是平行投影。也就是说中心投影不可能有正投影。

3. 正投影的特性

（1）类似性。

点的正投影仍然是点，直线的正投影一般仍为直线（一般情况），平面的正投影一般仍为原空间几何形状的平面（一般情况），这种性质称为正投影的类似性，如图 2-1-4 所示。

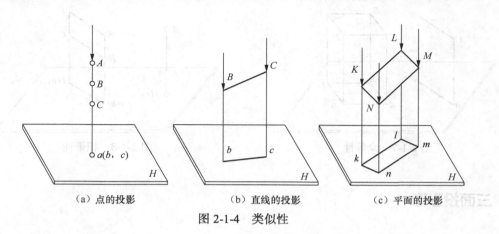

（a）点的投影　　　　　　（b）直线的投影　　　　　　（c）平面的投影

图 2-1-4　类似性

（2）从属性。

点在直线上，点的正投影一定在该直线的正投影上。点、直线在平面上，点和直线的正投影一定在该平面的正投影上，这种性质称为正投影的从属性，如图 2-1-5 所示。

（3）定比性。

线段上的点将该线段分成的比例，等于点的正投影分线段的正投影所成的比例，这种性质称为正投影的定比性，如图 2-1-5（a）所示。

在图 2-1-5（a）中，点 K 将线段 BC 分成的比例，等于点 K 的投影 k 将线段 BC 的投影 bc 分成的比例，即 $BK : KC = bk : kc$。

（4）平行性

两直线平行，它们的正投影也平行，且空间线段的长度之比等于它们正投影的长度之比，这种性质称为正投影的平行性，如图 2-1-6 所示。

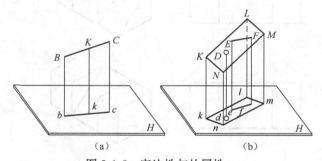

（a）

（b）

图 2-1-5　定比性与从属性

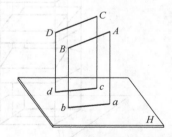

图 2-1-6　平行性

（5）全等性。

当线段或平面平行于投影面时，其线段的投影长度反映线段的实长；平面的投影与原平面图形全等。这种性质称为正投影的全等性，如图 2-1-7 所示。

（6）积聚性。

当直线或平面垂直于投影面时，其直线的正投影积聚为一个点；平面的正投影积聚为一条直线。这种性质称为正投影的积聚性，如图 2-1-8 所示。

35

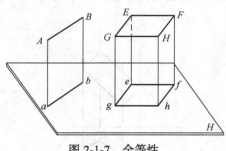

图 2-1-7 全等性

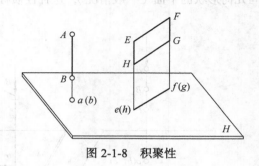

图 2-1-8 积聚性

二、三面投影图

1. 三面投影图的形成

一般来说，空间立体有正面、侧面和顶面三个方面的形状；具有长度、宽度和高度三个方向的尺寸。物体的一个正投影，只反映了一个方面的形状和两个方向的尺寸，如图 2-1-9（a）中空间四个不同形状的物体，它们在同一个投影面上的正投影却是相同的，因此单面投影不能准确地表达形体。如图 2-1-9（b）所示，两个不同的形体也可以具有相同的两视图，因此两视图也不能唯一地确定形体。为了反映物体三个方面的形状，我们常采用三面正投影图。

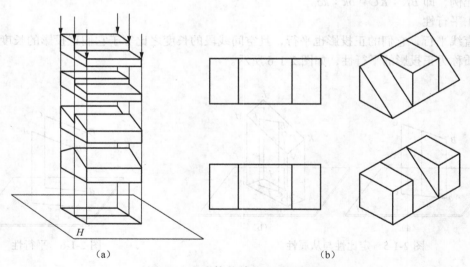

（a）　　　　　　　　　　　　　　　（b）

图 2-1-9 形体的单面和两面投影

通常，我们采用三个相互垂直的平面作为投影面，构成三投影面体系，三个投影面分别叫做 H、V、W，三视图之间的关系如图 2-1-10（a）所示。将物体置于 H 面之上，V 面之前，W 面之左的空间，如图 2-1-10（b）所示，按箭头所指的投影方向分别向三个投影面作正投影，就得到物体的三面正投影，也叫做三视图。一般在 V 面的投影叫做正投影（主视图），在 H 面的投影叫做水平投影（俯视图），在 W 面的投影叫做侧投影（左视图）。

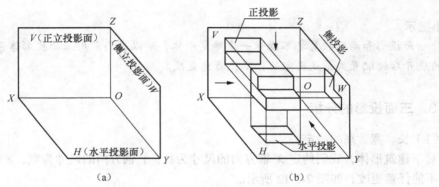

图 2-1-10 三投影图的形成

2. 三面投影体系的展开

为了绘制图形方便,我们把三面投影体系展开,展开时 V 面保持不动,把 Y 轴一分为二,然后把水平投影绕 X 轴向下旋转 $90°$,把 W 面投影绕 Z 轴向右旋转 $90°$ 。展开后的三面投影图在一个平面上,符合我们的绘图习惯,如图 2-1-11 所示。

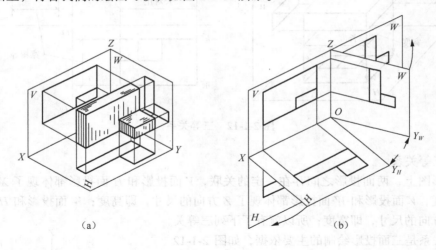

(a)   (b)

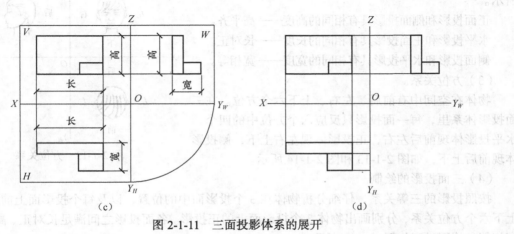

(c)   (d)

图 2-1-11 三面投影体系的展开

一面投影和两面投影都不能唯一地确定形体，所以我们采用三面投影体系。三面投影体系的展开后的配置关系是固定的，不能随意更改。

3. 三面投影的分析

（1）长、宽、高的约定。

对于建筑形体，我们约定 X 轴方向的尺寸为长，Y 轴方向的尺寸为宽，Z 轴方向的尺寸为高，不能任意更改，如图 2-1-12 所示。

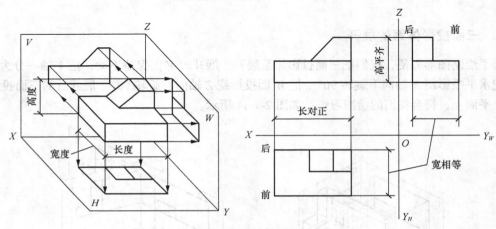

图 2-1-12　三等关系

（2）三等关系。

在投影图上，两面投影之间存在一定的关联，V 面投影和 H 面投影都体现了 X 方向的尺寸，即长度；V 面投影和 W 面投影都体现了 Z 方向的尺寸，即高度；W 面投影和 H 面投影都体现了 Y 方向的尺寸，即宽度；所以就有了下列三等关系。三等关系是三面投影绘制的主要依据，如图 2-1-12 所示。

正面投影和侧面投影具有相同的高度——高平齐。

水平投影和正面投影具有相同的长度——长对正。

侧面投影和水平投影具有相同的宽度——宽相等。

（3）方位关系。

物体在空间中有前后、左右、上下六个方位。在三面投影体系里，每一面投影只反应六个方位中的四个，水平投影体现前后左右，正投影体现左右上下，侧投影体现前后上下，如图 2-1-13 和图 2-1-14 所示。

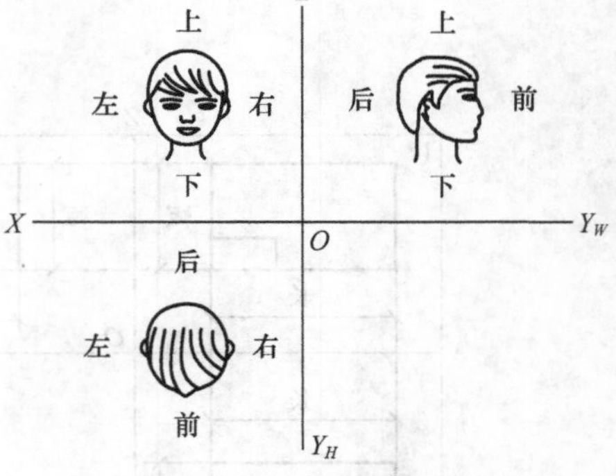

图 2-1-13　方位关系

（4）三面投影的绘制。

按照投影的三等关系，仔细分析物体在 3 个投影面中的位置，以及每个投影面上前后左右上下六个方位关系，分别画出物体 3 个投影面上的正投影。各面投影之间满足长对正、高平齐、宽相等。绘图过程如图 2-1-15 所示。

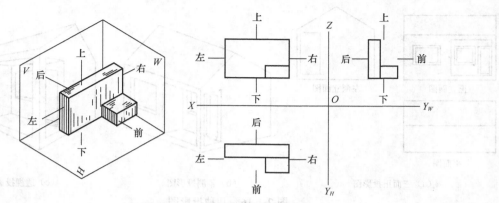

图 2-1-14 方位在视图上的反映

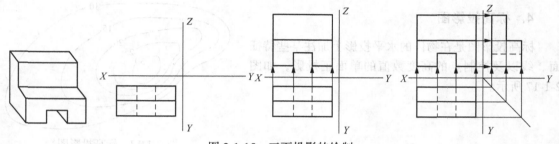

图 2-1-15 三面投影的绘制

三、土木工程中常用的投影图

在土木工程的建造中，由于所表达的对象不同、目的不同，对图样的要求所采用的图示方法也随之不同。在土木工程上常用的投影图有四种：正投影图、轴测投影图、透视投影图、标高投影图。

1. 正投影图

图 2-1-16（a）所示为形体的正投影图。它是用平行投影的正投影法绘制的多面投影图。一般我们用到三面投影，即水平投影、正投影和侧投影。其优点是：作图较其他图示法简便，便于度量，工程上应用最广，但缺乏立体感。

2. 轴测投影图

图 2-1-16（b）所示为形体的轴测投影图（也称立体图）。它是用平行投影的正投影法绘制的单面投影图。其优点是：立体感强，非常直观。其缺点是：作图较烦琐，表面形状在图中往往失真，度量性差，只能作为工程上的辅助性图样。

3. 透视投影图

图 2-1-16（c）所示为形体的透视投影图。它是用中心投影法绘制的单面投影图。其优点是：图形逼真，直观性强。其缺点是：作图复杂，形体的尺寸不能直接在图中度量，故不能作为施工依据，仅用于建筑设计方案的比较及工艺美术和宣传广告画等。

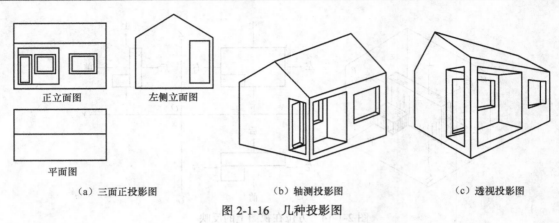

正立面图　　左侧立面图

平面图

（a）三面正投影图　　　　　（b）轴测投影图　　　　　（c）透视投影图

图 2-1-16　几种投影图

4. 标高投影图

标高投影图是在物体的水平投影上加注某些特征面、线以及控制点的高度数值的单面正投影，如图 2-1-17 所示。

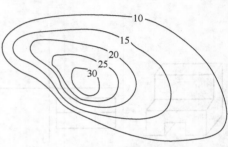

图 2-1-17　标高投影图

知识拷问

迅速地找到形体的三面投影，对号入座，把形体的编号填在括号内。

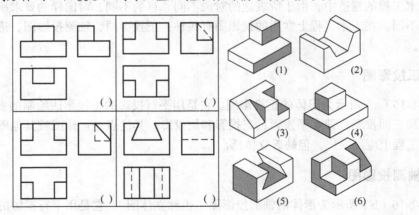

课堂讨论

针对在高中时学习的三视图分析我们的三面投影图，谈论一下三面投影图的投影规律和绘制方法。同时绘制出上题中没有对应视图的物体的三面投影图。

技能训练

绘制下面台阶的三面投影。

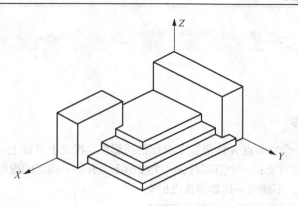

自我测试

1. 根据投射方式的不同，怎样进行投影的分类？
2. 三面投影体系是如何建立的？怎样进行展开？
3. 三等关系是什么？应如何解释？
4. 我们常用的投影图有哪几种？分析其优缺点。

任务 2　点的投影分析

 工作任务

掌握点的投影规律，根据投影对点的方位进行分析，并且能理解点的坐标和投影的关系，能根据要求求解点的三面投影。

根据点到投影面的距离，画出点的三面投影。

点	A	B	C	D	E
到 H 面为	30	20	15	0	0
到 V 面为	10	35	30	0	20
到 W 面为	25	10	0	20	35

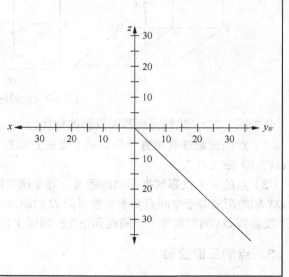

A 在 B 的 _____ 方；
B 在 C 的 _____ 方；
D 在 E 的 _____ 方。
五个点内有几个特殊点？
分别是什么位置点？

建筑工程制图与识图

 知识链接22

一、点的投影

1. 点的单面投影

设定投影面 P，由一个空间点 A 做垂直于 P 面的投影线，相交于 P 面上一点 a，点 a 就是空间点 A 在 P 面上的投影。由此可见：一个空间点在一个投影面上有唯一确定的投影。反之，如果已知点 A 在投影面 P 上的投影 a，不能唯一地确定该点的空间位置，这是由于在从点 A 所做的 P 面的垂直线上所有各点的投影都位于 a 处，如图 2-2-1 所示。

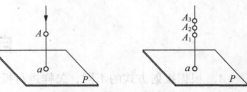

图 2-2-1 点的单面投影

2. 点的两面投影

我们取相互垂直的正投影面 V 和水平投影面 H 组成了 V、H 投影面体系。在 V、H 投影面体系中有一个空间点 A。采用正投影法，将空间点 A 分别向 H 和 V 面投射，得到点 A 的两个投影 a 和 a'，如图 2-2-2（a）所示。空间点 A 在水平投影面 H 上的投影称为水平投影，用相应的小写字母 a 表示；空间点 A 在正立投影面 V 上的投影称为正面投影，用相应的小写字母 a' 表示。投影线 Aa 和 Aa' 垂直相交，处于同一平面内，这说明根据点的两个投影 a 和 a' 就可以唯一地确定该点的空间位置。点 A 的正面投影 a' 反映了点 A 的 x 和 z 坐标，水平投影 a 反映了点 A 的 x 和 y 坐标。也就是说，知道了空间点 A 的两个投影 a'、a，就确定了空间点 A 的三个坐标 x、y、z，即唯一地确定了该点的空间位置。

为了把投影面 H 和投影面 V 及其投影 a、a' 同时绘制在一个平面上，我们把投影体系展开，展开后得到点 A 的两面投影图，如图 2-2-2（b）所示。由于投影面的边界大小与投影无关，所以通常在投影图上不画投影面的范围，如图 2-2-2（c）所示。

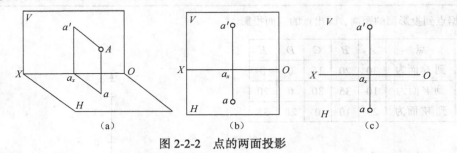

图 2-2-2 点的两面投影

分析图 2-2-2，我们得到两面投影的特性。

（1）点的投影连线垂直于投影轴。点的正面投影和水平投影的连线 aa' 垂直于对应的投影轴 OX，即 $aa' \perp OX$。

（2）点的一个投影到投影轴的距离，等于该空间点到相邻投影面的距离。点 A 的正面投影到 OX 轴的距离等于空间点到水平投影面 H 的距离，都反映点的 z 坐标，即 $a'a_x=Aa=z$；点 A 的水平投影到 OX 的距离等于空间点到正立投影面 V 的距离，都反映点的 y 坐标，即 $a_{ax}=Aa'=y$。

3. 点的三面投影

如图 2-2-3（a）所示，将空间点 A 置于三投影面体系中，自 A 点分别向三个投影面作垂线

（即投射线），三个垂足就是点 A 在三个投影面上的投影。

点 A 在 H 面的投影 a，称为点 A 的水平投影。

点 A 在 V 面的投影 a'，称为点 A 的正面投影。

点 A 在 W 面的投影 a''，称为点 A 的侧面投影。

将 A 在立体投影图进行操作：V 面保持不动，将 H、W 面展开，分别绕 OX、OZ 轴旋转 $90°$，使它们与 V 面位于同一平面上，就得到了点 A 的三面投影图，如图 2-2-3（b）所示。在投影过程中，OY 被分为两处，如图 2-2-3（c）所示。

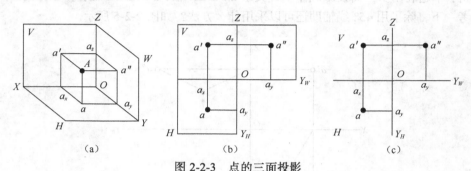

图 2-2-3　点的三面投影

分析图 2-2-3，我们得到点的三面投影的性质。

（1）点的两面投影线，必定垂直于相应的投影轴。即：

$aa' \perp OX$，$a'a'' \perp OZ$。

（2）点到投影轴的距离等于空间点到相应的投影面的距离。即：

$a'a_x = a''a_y = a$ 点到 H 面的距离 $= Aa$；

$aa_x = a''a_z = a$ 点到 V 面的距离 $= Aa'$；

$aa_y = a'a_z = a$ 点到 W 面的距离 $= Aa''$。

☆小提示

点到投影面的距离和坐标是对应的。点到 H 面的距离就是 Z 坐标，点到 V 面的距离就是 Y 坐标，点到 W 面的距离就是 X 坐标。我们可以根据 X，Y 坐标求得水平投影，可以根据 X，Z 坐标求得正投影，可以根据 Y，Z 坐标求得侧投影。

应用案例

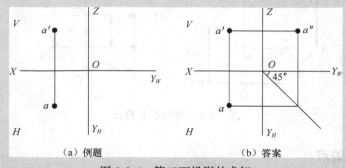

（a）例题　　　　　　（b）答案

图 2-2-4　第三面投影的求解

1. 已知 A 点的正面投影 a' 和侧面投影 a，求侧投影 a''。

解：作图过程如下。

（1）过 a' 作 OZ 轴的垂线，如图 2-2-4（b）所示；

（2）过 O 点作 45° 辅助线；

（3）过 a 做 OY_h 轴的垂线，与 45° 辅助线相交于一点，如图 2-2-4（b）所示；过交点 b 做 OY_w 的垂线与 OZ 轴的垂线相交，交点即为侧投影 a''。

分析：本题利用了三面投影规律垂直关系 $aa' \perp OX$ 轴，$a'a'' \perp OZ$ 轴，和 Y 方向的尺寸相等。思考一下，除了用 45° 线辅助还可以采用什么方法？如图 2-2-5 所示。

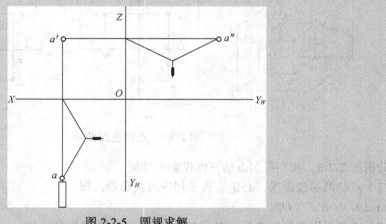

图 2-2-5　圆规求解

二、特殊点的投影

1. 坐标面上的点

空间点位于投影面或投影轴上称为特殊位置点。

位于投影面上的点（一个坐标为零）如图 2-2-6 中 H 投影面上的 B 点，具有如下性质。

（1）点的两个投影在投影轴上。

（2）点的另一个投影与空间点重合。

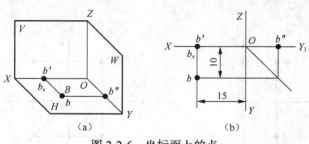

图 2-2-6　坐标面上的点

2. 坐标轴上的点

坐标轴上的点（两个坐标为零），如图 2-2-7 中 Y 轴上的 C 点，其所在轴相邻两平面上投影都与该点重合，另外一投影面上的投影位于原点。

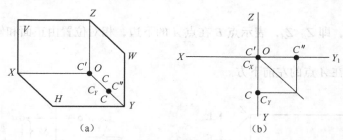

图 2-2-7 坐标轴上的点

三、点的投影与坐标的关系

在三面投影体系中，若把 H、V、W 投影面看成坐标面，三条投影轴 OX、OY、OZ 相当于坐标轴 X、Y、Z 轴，投影轴原点 O 相当于坐标系原点。如图 2-2-8 所示，空间一点到三个投影面的距离，就是该点的三个坐标（用小写字母 x、y、z 表示）。也就是说，点 A 到 W 面的距离 Aa'' 即为该点的 X 坐标，点 A 到 V 面的距离 Aa' 即为该点的 Y 坐标，点 A 到 H 面的距离 Aa 即为 Z 坐标。

如果空间点的位置用 A（x，y，z）形式表示，那么它的三个投影的坐标应为 a（x，y，0）、a'（x，0，z）、a''（0，y，z）。

利用点的坐标就能较容易地求作点的投影及确定空间点的位置，如图 2-2-8 所示。

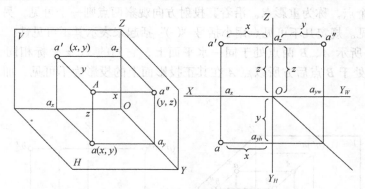

图 2-2-8 点的投影与直角坐标的关系

四、点的方位关系和重影点

1. 两点的相对位置确定

在求点位置时可根据点的坐标来确定点的位置，也可以根据欲求点与已知点的位置关系确定该点的位置。如图 2-2-9 所示，两点间的坐标大小，根据规定：X 轴坐标左为大、右为小；Y 轴坐标前为大、后为小；Z 轴坐标上为大、下为小。以 A 为基准判断 A、B 两点的空间位置关系如下。

b' 在 a' 左侧，即 $X_B > X_A$，表示点 B 在点 A 的左边，相对位置由正面和水平投影的 X 坐标差值 Δx 确定。

45

b 在 a 的前边，即 $Y_B>Y_A$ 表示点 B 在点 A 的前面，相对位置由水平和侧面投影的 Y 坐标差值 Δy 确定。

b'' 在 a'' 的下边，即 $Z_B<Z_A$，表示点 B 在点 A 的下边，相对位置由正面和侧面投影的 Z 坐标差值 Δz 确定。

综合来看 B 点在 A 点的左前下方。

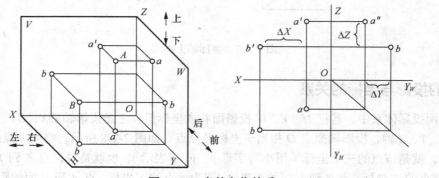

图 2-2-9　点的方位关系

2. 重影点及其可见性判别

当空间两点的两个坐标相等时，这两个点处于某投影面的同一投影线上，两点在该投影面的投影重叠成一个点，称为重影点。沿着其投射方向观察两点则一个可见，另一个被前一点所遮挡，因而不可见。规定凡不可见点用小括号"（ ）"括起来表示其不可见性。

如图 2-2-10 所示 A、B 两点处于同一水平面上，它们的 x、z 坐标相同，是重影点，由图可以判别 A 点处于 B 点后方所以点 A 在其正投影面上的投影为不可见，加（ ）表示其不可见性。

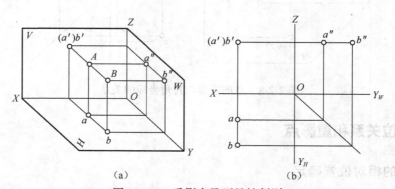

(a)　　　　　　　　　　(b)

图 2-2-10　重影点及可见性判别

☼小提示

　　重影点和方位的判别是关联在一起的，其实都是比较坐标的大小。x 坐标大者在左，y 坐标大者在前，z 坐标大者在上；同时两个重影点，左边的会把右边的遮住，前边的会把后边的遮住，上边的会把下面的遮住。

应用案例

2. 已知三点 A（20，25，30）、B（20，0，25）和 C（25，30，0），画出点 A、B、C 的投影图，并判别方位关系。

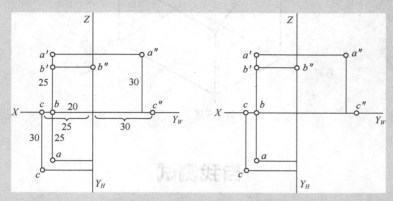

根据 $a(x, y, 0)$，$a'(x, 0, z)$，$a''(0, y, z)$ 来确定三点的三面投影，然后比较坐标的大小来判断方位关系。比较 A、B，25>0，A 在前，30>25，A 在上，所以 A 在 B 的前上方。B、C 相比较，20<25，B 在右，0<30，B 在后，25>0，B 在上，所以 B 在 C 的右后上方。

知识拷问

1. 已知点 A 距 H 面为 12，距 V 面为 15，距 W 面为 10，点 B 在点 A 的左方 5，后方 10，上方 8，试作 A、B 两点的三面投影。

2. 根据投影来判断点的空间位置。

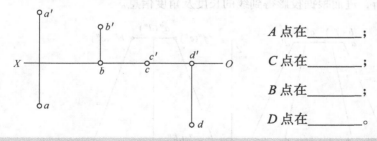

A 点在_____；

C 点在_____；

B 点在_____；

D 点在_____。

课堂讨论

讨论点的三面投影的作图方法，给定任意两面投影，怎么去求解另外一面投影？怎么根据投影来判断点的方位关系。

技能训练

根据所给的立体图分析形体各顶点的投影及位置关系。

是否是重影点？怎么判别可见性？

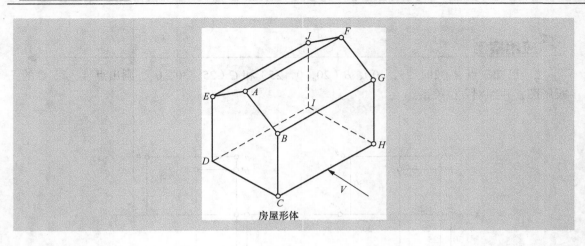

房屋形体

自我测试

1. 总结点的三面投影的规律。
2. 怎么用坐标来确定点的三面投影？
3. 点的方位关系怎么来判别？
4. 怎么样的两个点为重影点？怎么判别可见性？

任务3 直线的投影分析

工作任务

本任务主要是掌握线的投影规律，根据投影来判断线与投影面的位置关系，以便在阅读图纸时对线进行分析，进而根据投影得到线的长度及角度信息。

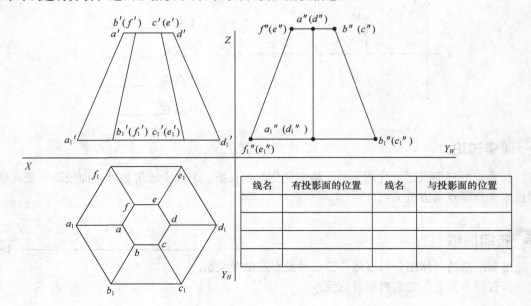

线名	有投影面的位置	线名	与投影面的位置

知识链接23

一、各种位置直线投影分析

1. 直线投影的求解方法

两点确定一直线。因此，直线的投影是由该直线上两点的投影确定的，直线的投影可归结为点的投影，只要找出直线上两个点的投影，把两个点的投影连线就得到了直线的投影。

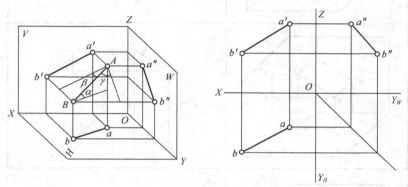

图 2-3-1 直线投影的求解和夹角

为了分析直线投影和直线的关系，我们现在来分析空间直线的基本信息，包括直线的实际长度，直线与 H 面的夹角 α，直线与 V 面的夹角 β，直线与 W 面的夹角 γ。

2.一般位置直线

图 2-3-1 的投影就是一般位置线的投影，一般位置线即和投影面既不平行又不垂直的直线，一般位置线的投影特性如下。

（1）直线的三个投影均倾斜于投影轴，各投影的长度小于直线的实长。

（2）直线的三个投影与投影轴的夹角，均不反映直线与任何投影面的倾角，α、β 和 γ 均为锐角。

一般位置线的判别方法：三个投影三个斜，定是一般位置线。

3. 投影面的平行线

平行于一个投影面而对邻位两个投影面倾斜的直线称为投影面平行线。它有三种形式，即水平线（$//H$ 面）、正平线（$//V$ 面）和侧平线（$//W$ 面），如表 2-3-1 所示。

投影面的平行线投影特性：

（1）直线在所平行的投影面上的投影反映实长，此投影与投影轴的夹角反映直线与另两个投影面的夹角实形；

（2）直线在另两个投影面上的投影，平行于相应的投影轴，但不反映实长。

平行线空间位置的判别方法：一斜两平线，定是平行线；斜线在哪面，平行哪个面。

49

表 2-3-1　　　　　　　　　　　　投影面平行线的投影规律

名称	直观图	投影图	投影特性
水平线 （//H 面）			$ab=AB$, $a'b'$ //OX, $a''b''$ //OY_1, 反映 β、γ
正平面 （//V 面）			$a'b'=AB$, ab//OX, $a''b''$ //OZ, 反映 α、γ
侧平面 （//W 面）			$a''b''=AB$, ab//OY_1, $a'b'$ //OZ, 反映 α、β

4. 投影面的垂直线

垂直于一个投影面而同时平行于其他两个投影面的直线称为投影面垂直线，它有三种形式：铅垂线（⊥H 面）、正垂线（⊥V 面）、侧垂线（⊥W 面），如表 2-3-2 所示。

表 2-3-2　　　　　　　　　　　　投影面的垂直面

名称	直观图	投影图	投影特性
铅垂线			ab 积聚为一点， $a'b'$ ⊥OX, $a''b''$ ⊥OY_1, $a'b'=a''b''=AB$ 反映实形

续表

名称	直观图	投影图	投影特性
正垂线			$a'b'$ 积聚为一点，$ab\perp OX$，$a''b''\perp OZ$，$ab=a''b''=AB$ 反映实形
侧垂线			$a''b''$ 积聚为一点，$ab\perp OY$，$a'b'\perp OZ$，$ab=a'b'=AB$ 反映实形

投影面的平行线投影特性：

（1）直线在其所垂直的投影面上的投影积聚为一点；

（2）直线在另两个投影面上的投影，垂直于相应的投影轴，且反映线段的实长。

垂直线空间位置的判别方法：一点两垂线，定是垂直线；点在哪个面，垂直哪个面。

☼小提示

投影面的平行线的投影规律为一面投影反映实长的斜线，另外两面投影平行于相应的坐标轴。相应的坐标轴是指，该直线平行的投影面内的两个坐标轴。比如，水平线平行于 H 面，H 面内有 X 和 Y 轴，所以水平线的 V、W 面投影分别平行于 X 轴和 Y 轴。

🎬应用案例

1. 已知水平线 AB 端点 A 的两面投影，且与 V 面的夹角为 $30°$，求其 H、W 面投影，并判别其对投影面的相对位置。B 点在 A 点的右前方，直线的实长如图 2-3-2 所示。

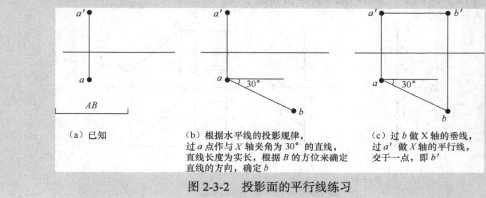

（a）已知　　　　　（b）根据水平线的投影规律，　　　（c）过 b 做 X 轴的垂线，
　　　　　　　　　　过 a 点作与 X 轴夹角为 30° 的直线，　　过 a' 做 X 轴的平行线，
　　　　　　　　　　直线长度为实长，根据 B 的方位来确定　交于一点，即 b'
　　　　　　　　　　直线的方向，确定 b

图 2-3-2 　投影面的平行线练习

51

二、直线上的点

直线上的点特性如图 2-3-3 所示。

（1）直线上点的各投影，必在直线的同面投影上。反之，如果一个点的各个投影分别在某一直线的同面投影上，则该点一定是直线上的点。

（2）直线上的点分线段成比例：属于直线的点，分线段之比等于其投影分线段投影之比。$AC：CB = ac:cb = a'c':c'b' = a''c'':c''b''$。

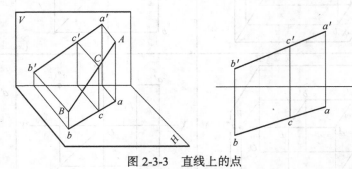

图 2-3-3　直线上的点

应用案例

2. 已知直线 AB 的两面投影，在直线 AB 上求一点 C，使 $AC:CB=2:3$。

解：过 a 作一条射线，在该射线上截取 $a1=12=23=34=45$，连接 $5b$，过点 2 作 $5b$ 的平行线与 AB 相交于 c，过点 c 作 OX 轴的垂线，与 $a'b'$ 相交于一点，这点就是 C 点的正投影，如图 2-3-4 所示。

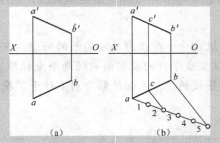

图 2-3-4　直线上的点求解

3. 判定图 2-3-5（a）所示的点 K，是否在侧平线 AB 上。

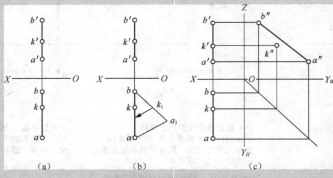

图 2-3-5　直线上点的判定

作图方法一：用定比性来判定，见图 2-3-5（b）。由作图可知，不满足定比特性，所以点 K 不在直线 AB 上。

作图方法二：用直线上点的投影规律来判定，见图 2-3-5（c）。作出直线和点的第三面投影，可以看出点 K 不在直线 AB 上。

☼小提示

如果直线是一般位置线，点的两面投影都在直线的同面投影上，那么点一定在直线上。如果直线为投影面的平行线，一般需要验证直线平行的投影面的投影。

三、两直线位置关系

两直线在空间的相对位置分为平行、相交、交叉（异面）三种情况。前两种直线为共面直线，后一种为异面直线。

1. 两直线平行

两直线平行的投影特性：根据正投影的平行性定比性质，若两直线在空间相互平行，则它们的各同名投影也相互平行，且各同名投影的长度之比等于空间两线段的长度之比，如图 2-3-6 所示。

两直线平行的判定方法：若判定两直线是否平行，一般情况下，只要它们的三面投影相互平行，则在空间位置也应该相互平行。

☼小提示

若两条直线为一般位置线，则有任意两面投影平行就可判定两直线空间位置为平行，但如果两直线中有投影面的平行线，则两面投影平行，空间直线不一定平行，如图 2-3-7 所示。

53

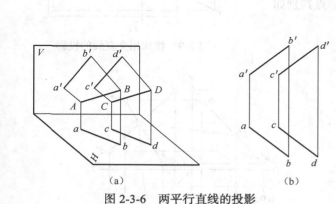

图 2-3-6　两平行直线的投影

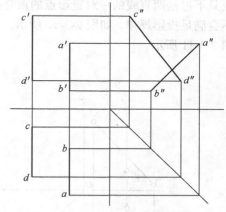

图 2-3-7　两面投影平行的直线投影

2. 两直线相交

两直线相交必有一个交点，交点是两直线的公共点。根据前章所述正投影的从属性和定比性，可得出两直线相交的投影特性：空间两直线相交，则它们的同名投影必定相交，而且各同名投影的交点就是两直线空间交点的同名投影，如图 2-3-8 所示。

两直线相交的判定方法：对于两条一般位置直线来说，只要任意两个同面投影的交点的连线垂直于相应的投影轴，就可判定这两条直线在空间一定相交。但是当两条直线中有一条直线是投影面的平行线时，应利用直线在所平行的投影面内的投影来判断，如图 2-3-9 所示。

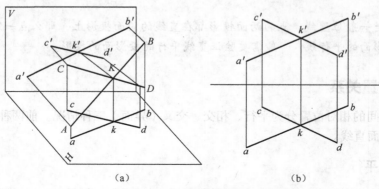

（a）   （b）

图 2-3-8　两相交直线的投影

3. 两直线交叉

两交叉直线既不平行，也不相交。

交叉直线的投影特性：两交叉直线的投影，即无两直线平行时的特性，也无两直线相交时的特性。

交叉直线的判定方法：两交叉直线的某一同面投影有时可能平行，但所有同面投影不可能同时都相互平行。两交叉直线的同面投影也可能相交，但这个交点只不过是两直线的一对重影点的重合投影，即交点不会满足投影规律，如图 2-3-10 所示。重影点判别如图 2-3-11 所示。

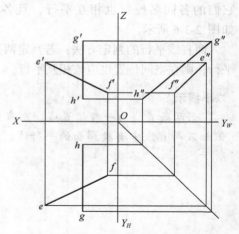

图 2-3-9　特殊相交直线的投影

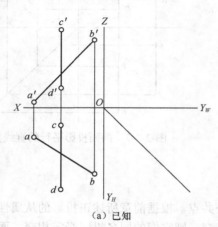

（a）已知   （b）作图

图 2-3-10　交叉直线的判别

54

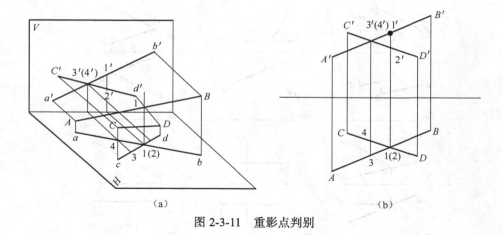

图 2-3-11　重影点判别

☼**小提示**

　　交叉直线可能一面投影或两面投影平行，但是不可能三面投影都平行。交叉直线的投影可以三面相交，但交点不满足投影规律，因为这只是两个点的重影。

深化拓展

　　思考：特殊位置线可以通过投影得到直线的实长和夹角信息，一般位置线的投影既不反映实长又不反映夹角，那么一般位置直线的实长信息和夹角信息怎么求解？

　　一般我们采用直角三角形法，如图 2-3-12 所示，在 $ABba$ 所构成的投射平面内，过 B 点作 $BA_1 // ab$，则 $\angle ABA_1 = \alpha$ 且 $BA_1 = ab$。AA_1 为 A 和 B 点的 Z 坐标之差。可以看出这个直角三角形的边和角体现出了一般位置线的实长和角度，只要我们能在投影图上把这个三角形构造出来。就可求出 AB 的实长和夹角。

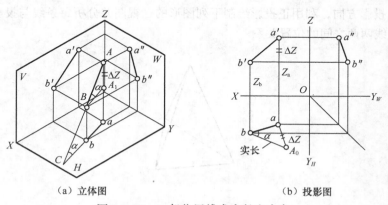

（a）立体图　　　　　　　（b）投影图

图 2-3-12　一般位置线求实长和夹角

知识拷问

1. 根据所给视图，快速回答下面两直线的位置关系。

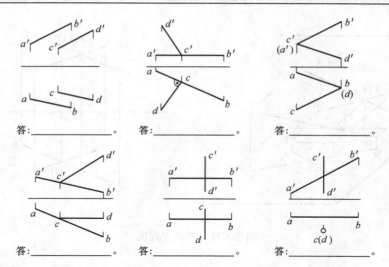

答：_____。 答：_____。 答：_____。

答：_____。 答：_____。 答：_____。

2. 判断下列说法是否正确？并进行分析。

（1）水平线的水平投影反映夹角和实长。（ ）

（2）正垂线的水平投影和侧投影反映实长。（ ）

（3）点的投影在直线上，点一定在直线上。（ ）

（4）点在直线上，点分线段的比例等于点的投影分直线同名投影的比例。（ ）

课堂讨论

56

1. 讨论直线上点的投影，怎么判别？注意什么？理解正投影特性中的从属性。

2. 讨论两直线的位置关系怎么判定？交流判别方法。

技能训练

自己选定投影方向，利用正投影绘制下列图形的三视图并分析每条线与投影面的位置关系，并说明直线两两之间的位置关系。

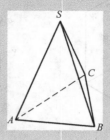

自我测试

1. 口述总结特殊位置线的投影规律。

2. 直线上的点具有哪些投影特性？

3. 两直线的相对位置有哪几种类型？在投影上怎么反映？

任务 4　平面的投影分析

　工作任务

　　研究完点和线的投影规律，进而进行平面的研究。建筑形体就是由线和面围成的，所以面的分析也很重要。通过下列小图来分析面的投影规律和面相对于投影面的位置对投影的影响，并且回顾之前点和线的知识。

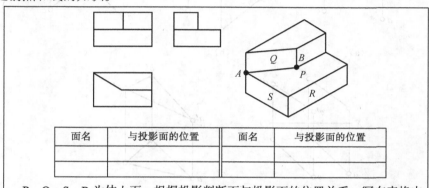

面名	与投影面的位置	面名	与投影面的位置

　　P、Q、S、R 为体上面，根据投影判断面与投影面的位置关系，写在表格中并判断直线 *AB* 为平面内的什么类型线？
　　在投影上找到 *AB* 的三面投影，并标出它的实长和夹角。

　知识链接24

一、各位置平面的投影分析

1. 平面投影的表示方法

　　平面是广阔无边的，它在空间的位置可用下列的几何元素来确定和表示。
　　（1）不在同一条直线上的三个点，例如图 2-4-1（a）的点 *A*、*B*、*C*。
　　（2）一直线和线外一点，例如图 2-4-1（b）的直线 *AB* 和点 *C*。
　　（3）两相交直线，例如图 2-4-1（c）的直线 *AB* 和 *BC*。
　　（4）两平行直线，例如图 2-4-1（d）的直线 *AB* 和 *CD*。
　　（5）平面图形，例如图 2-4-1（e）的△*ABC*。

2. 投影面的平行面

　　投影面平行面：平行于一个投影面，而垂直于另外两个投影面的平面。
　　水平面：平行于水平面 *H* 的平面。
　　正平面：平行于正面 *V* 的平面。
　　侧平面：平行于侧面 *W* 的平面。
　　投影特性：
　　（1）平面在它平行的投影面上的投影反映实形；

（2）平面的其他两个投影积聚成线段，并且分别平行于相应的投影轴。

平行面空间位置的判别方法：一框两直线，定是平行面；框在哪个面，平行哪个面。

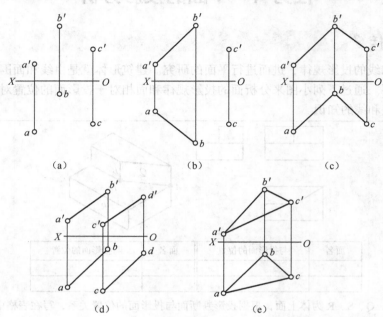

图 2-4-1 平面投影的表示方法

投影面的平行面的投影规律见表 2-4-1。

表 2-4-1   投影面的平行面的投影规律

名称	直观图	投影图	投影特性
水平面 （//H面）			H面投影反映实形； V面投影、W面投影积聚成直线，分别平行于投影轴OX、OY_1
正平面 （//V面）			V面投影反映实形； H面投影、W面投影积聚成直线，分别平行于投影轴OX、OZ

名称	直观图	投影图	投影特性
侧平面 （//W面）	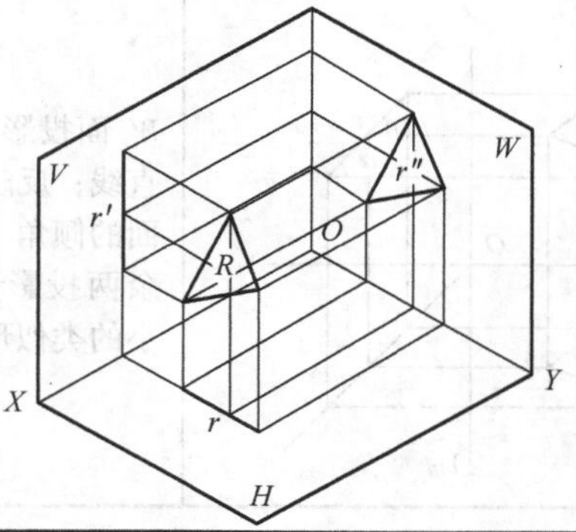	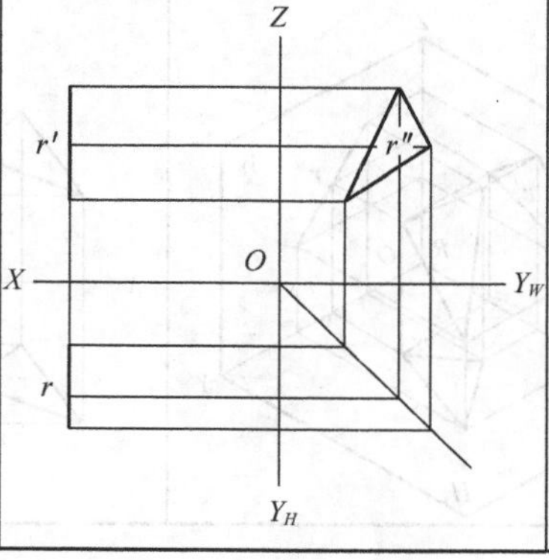	W 面投影反映实形；V 面投影、H 面投影积聚成直线，分别平行于投影轴 OZ、OY_H。

3. 投影面的垂直面

垂直于投影面而对其他两个投影面倾斜的平面称为投影面垂直面。垂直面分为三种：

铅垂面：垂直于水平投影面的平面；

正垂面：垂直于正投影面的平面；

侧垂面：垂直于侧投影面的平面。

投影面的垂直面的投影规律见表 2-4-2。

表 2-4-2 　　　　　　　　　　　　　投影面的垂直面的投影规律

名称	直观图	投影图	投影特性
铅垂面 （⊥H面）	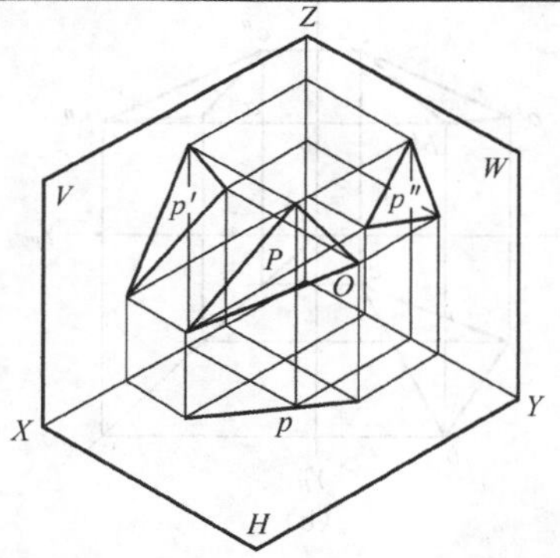	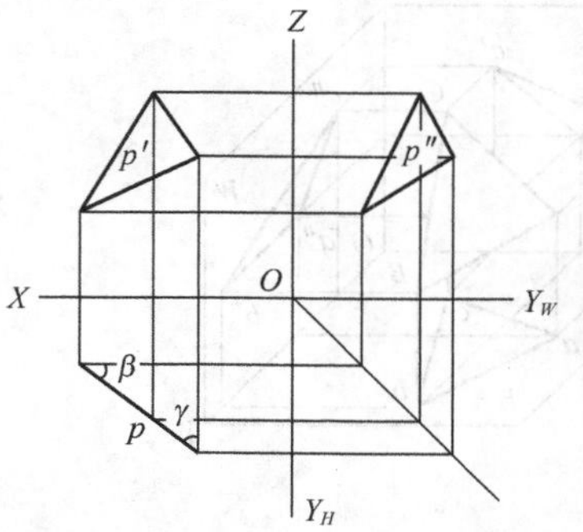	H 面投影积聚成一条直线；反映与 V、W 面的倾角 β、γ；其余两投影为面积缩小的类似形
正垂面 （⊥V面）	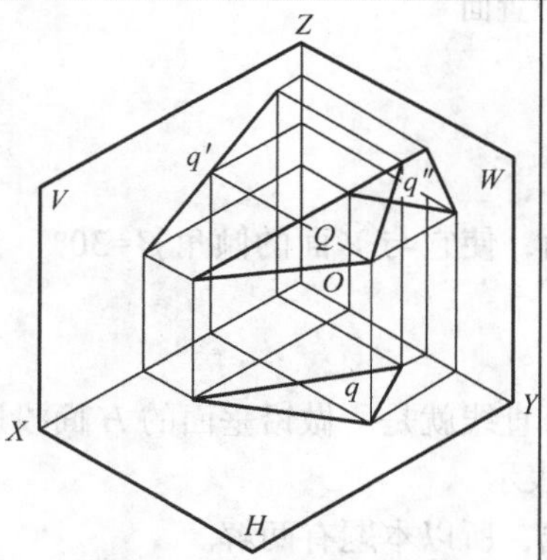	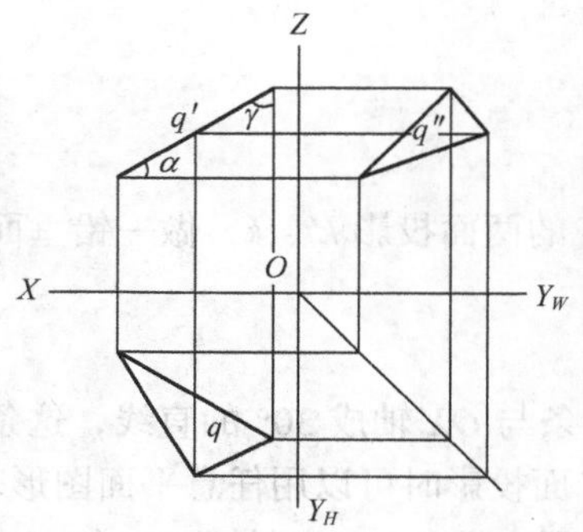	V 面投影积聚成一条直线；反映与 H、W 面的倾角 α、γ；其余两投影为面积缩小的类似形

59

名称	直观图	投影图	投影特性
侧垂面 （⊥W面）	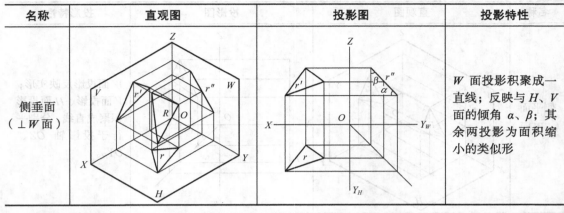		W 面投影积聚成一直线；反映与 H、V 面的倾角 α、β；其余两投影为面积缩小的类似形

投影特性：

（1）平面在它所垂直的投影面上的投影积聚为一斜直线，并且该投影与投影轴的夹角等于该平面与相应投影面的倾角；

（2）平面的其他两个投影不是实形，但有相似性。

垂直面空间位置的判别方法：两框一斜线，定是垂直面；斜线在哪面，垂直哪个面。

4. 一般位置面

相对于三个投影面都倾斜的平面称为一般位置平面，如图 2-4-2 所示。投影面形状与原平面形状类似，但不能够反映真实尺寸，而且比实形要小。

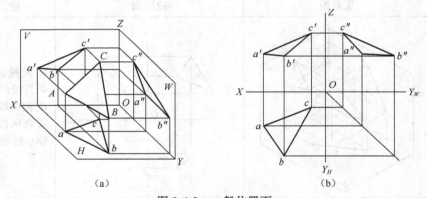

图 2-4-2 一般位置面

🔖 应用案例

1. 过已知点 K 的两面投影 k'、k，做一铅垂面，使它与 V 面的倾角 $\beta=30°$，如图 2-4-3 所示。

解题步骤如下。

① 过 k 点做一条与 OX 轴成 $30°$ 的直线，这条直线就是所做铅垂面的 H 面投影。

② 做平面的 V 面投影时可以用任意平面图形表示。

③ 过 k 可以做两个方向与 OX 轴成 $30°$ 的直线，所以本题有两解。

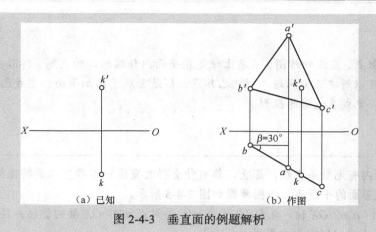

图 2-4-3　垂直面的例题解析

二、平面内的点和线

点在平面内的几何条件：若点位于平面内的一条已知直线上，则该点在该平面内。

直线在平面内的几何条件：若一直线经过一平面内两已知点，或经过平面内一点且平行于平面内一条已知直线，则该直线在该平面内。

📖 应用案例

2. 已知平面△SBC 的 H、V 面投影及平面内点 D、直线 EF 的 V 面投影，求其 H 面投影，如图 2-4-4（a）所示。

解题步骤如下。

① 延长 e′f′分别于 b′s′、c′s′交于点 1′、2′。

② 分别过点 1′、2′作 OX 轴的垂线并延长与 bs、cs 交于点 1、2，连接线段 12。

③ 分别过点 e′、f′作 OX 轴的垂线并延长与线段 12 交于点 e、f，则线段 ef 即为所求。

④ 连接 e′d′并延长与 c′s′交于点 3′，过点 3′作 OX 轴的垂线并延长与 cs 交于点 3，连接线段 e3，然后再过点 d′作 OX 轴的垂线并延长与 e3 相交，则交点即为所求点 d，如图 2-4-4（b）所示。

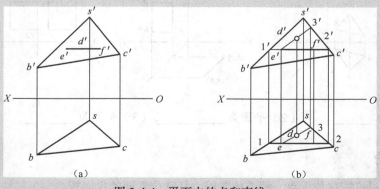

图 2-4-4　平面内的点和直线

☆小提示

  在平面内取点、直线的作图，实质上就是在平面内作辅助线的问题，利用在平面上取点、直线的作图，可以解决三类问题：判别已知点、线是否属于已知平面；完成已知平面上的点和直线的投影；完成多边形的投影。

深化拓展

  思考：平面内有无数条直线，那么，都有什么样的直线？哪些直线是特殊的？如何求得平面内的任一条投影面的平行线？作图步骤如图 2-4-5 所示。

  （a）过点 a' 作 $a'm'//OX$ 轴，与 $b'c'$ 交于点 m'，再过点 m' 作 OX 轴的垂线并延长与 bc 交于点 m，连接 am，则直线 AM 即为水平线。

  （b）过点 c 作 $cn//OX$ 轴，与 ab 交于点 n，再过点 n 作 OX 轴的垂线并延长与 $a'b'$ 交于点 n'，连接 $c'n'$，则直线 CN 即为水平线

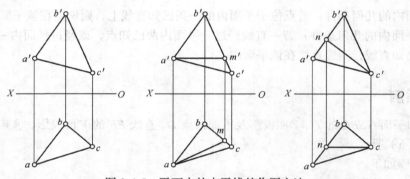

图 2-4-5　平面内的水平线的作图方法

知识拷问

  判断下列平面相对于投影面的位置，并作出第三面投影。

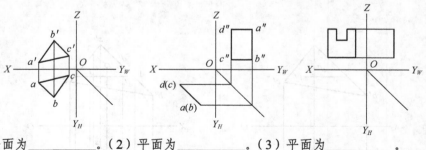

（1）平面为＿＿＿＿＿＿。（2）平面为＿＿＿＿＿＿＿。（3）平面为＿＿＿＿＿＿

课堂讨论

  自己总结讨论特殊位置点、特殊位置线、特殊位置面的投影规律，怎样快速地判断？并总结特殊位置的点、线、面的哪一面投影反映直线是的实际特征（实长、夹角）。

技能训练

快速补全分析绘图题：已知平面图形 *abcdefg* 的不完全投影，试补全平面图形 *abcdefg* 的正面投影。

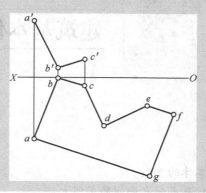

自我测试

1. 在投影图上，平面的表示方法有几种？
2. 特殊位置面的投影规律是什么？
3. 判断点在平面上和直线在平面上的几何条件是什么？怎样进行几何作图？

综合任务　分析点、线、面的性质

仔细分析下列形体的三面投影，根据点、线、面的投影规律，快速判断下列图形中线、面相对于投影面的性质，把正确答案填写在空格处，并讨论尝试想象出形体的样子。为下一项目的学习打基础。

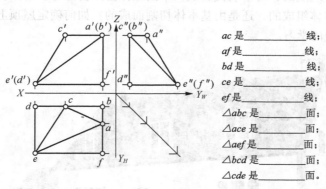

ac 是_____线；
af 是_____线；
bd 是_____线；
ce 是_____线；
ef 是_____线；
△*abc* 是_____面；
△*ace* 是_____面；
△*aef* 是_____面；
△*bcd* 是_____面；
△*cde* 是_____面。

项目 3

建筑基本体的投影

知识目标

- 了解组成建筑的常见基本体的类型。
- 掌握平面立体的投影规律及表面点和线的求解方法。
- 掌握曲面立体的投影规律及表面点和线的求解方法。
- 掌握平面切割基本体的视图求解方法。

能力目标

- 能够根据基本体求解其三面正投影。
- 能根据三面正投影分析其空间形体。
- 能正确求解基本体表面的点和线，并能分析求解平面切割基本体。

任务 1 平面立体的投影画法

工作任务

建筑都是由基本体组成的，对于现代建筑，平面立体占主要部分。请分析图 3-1-1 的建筑都是由哪些类型的基本体组成的，还是由基本体切割而成的？如何确定屋顶上窗户的位置？这就涉及立体表面点和线的学习。

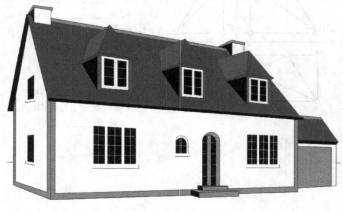

图 3-1-1 建筑

知识链接3.1

一、基本体的类型

基本体的大小、形状是由其表面限定的，按其表面性质的不同可分为平面立体和曲面立体。表面都是由平面围成的立体称为平面立体（简称平面体），例如棱柱、棱锥和棱台等。表面都是由曲面或是由曲面与平面共同围成的立体称为曲面立体（简称曲面体），其中围成立体的曲面是回转面的曲面立体，又叫回转体，例如圆柱、圆锥、球体和圆环体等。基本体类型如图 3-1-2 所示。

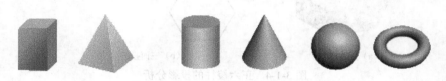

(a) 平面立体　　　　　　　　　　　(b) 曲面立体

图 3-1-2　基本体的类型

二、平面立体的投影

平面立体主要有棱柱和棱锥两种，如图 3-1-3 所示，棱台是由棱锥截切得到的。平面立体上相邻两面的交线称为棱线，所以围成平面立体的表面都是平面多边形，而平面图形是由直线段围成的，直线段又是由其两端点所确定，所以，绘制平面立体的投影，实际上就是画出各平面间的交线和各顶点的投影。在平面立体中，可见棱线用实线表示，不可见棱线用虚线表示，以区分可见表面和不可见表面。

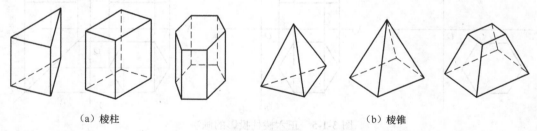

（a）棱柱　　　　　　　　　　　　　（b）棱锥

图 3-1-3　平面立体的类型

1. 棱柱的投影

棱柱分直棱柱（侧棱与底面垂直，侧面为矩形）和斜棱柱（侧棱和底面倾斜）。棱柱上、下底面是两个形状相同且互相平行的多边形，各个侧面都是矩形或平行四边形。上下底面是正多边形的直棱柱，称为正棱柱。

（1）棱柱的投影分析。

下面以正六棱柱为例来分析棱柱的投影。图 3-1-3 给出了六棱柱的立体模型和它的三面投影图。因为上、下两底面是水平面，前后两个棱面为正平面，其余四个棱面是铅垂面，所以它的水平投影是个正六边形，它是上、下底面的投影，反映了实形，正六边形的六个边即为六个棱面的积聚投影，正六边形的六个顶点分别是六条棱线的水平积聚投影。六棱柱的前后棱面是正平面，它的正面投影反映实形，其余四个棱面是铅垂面，因而正面投影是其类似形。合在一起，其正面投影是三个并排的矩形线框。中间的矩形线框为前后棱面反映实形的重合投影，左、右两侧的矩形线框为其余四个侧面的重合投影。此线框的上、下两边即为上、下两底面的积聚投影。它的侧面投影是两个并排的矩形线框，是四个铅垂棱面的重合投影。

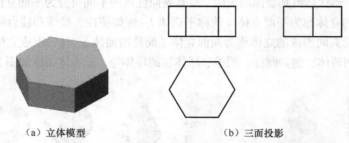

（a）立体模型　　　　　　　　（b）三面投影

图 3-1-4　正六棱柱的投影分析

（2）棱柱体投影的作图步骤。

① 先画出反映实形的顶面和底面的投影图。

② 根据"长对正"的投影关系及棱柱的高度尺寸，画出其正面投影图。

③ 根据"高平齐、宽相等"的投影关系，画出其侧面投影图。

④ 检查底稿、加深图线。画完底稿后，一般应检查各视图是否符合直线、平面的投影特性，是否符合方位对应关系和视图间的投影对应关系，尤其要注意水平投影图与侧投影图的宽度应相等。还要检查是否多线、漏线，以及可见性等，最后加深图线，如下图 3-1-5 所示。

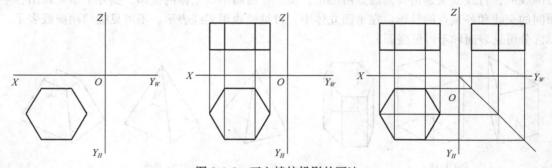

图 3-1-5　正六棱柱投影的画法

（3）常见棱柱体的投影。

常见棱柱体的投影见表 3-1-1。

表 3-1-1　　　　　　　　　　　　　常见棱柱的投影

名称	实体模型	三面正投影
三棱柱		

名称	实体模型	三面正投影
正五棱柱		
正六棱柱		

2. 棱锥的投影

棱锥的底面为多边形，各侧面为若干具有公共顶点的三角形。当棱锥的底面是正多边形，各侧面是全等的等腰三角形时，称为正棱锥。下面以三棱锥为例进行讲解。

（1）棱锥的投影分析。

因为底面是水平面，所以三棱锥的水平投影是一个正三角形（反映实形），正面投影是一条直线（有积聚性）。连接锥顶和底面三角形各顶点的同面投影，即为三棱锥的正面和侧面投影。其中，水平投影为三个三角形的线框，它们分别表示三个棱面及底面的投影。正面投影是两个并排的三角形，它是三棱锥前面棱面的与后面棱面的重合投影。侧面投影是一个三角形，它是前面左右两棱面的重合投影，右边

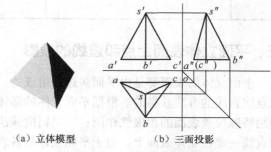

（a）立体模型　　　（b）三面投影

图 3-1-6　正三棱锥的投影分析

侧棱面是不可见的，而后面棱面因与侧立投影面垂直，其投影积聚为一条直线，如图 3-1-6 所示。

（2）棱柱体投影的作图步骤。

① 先画出反映实形的水平投影图。

② 根据"长对正"的投影关系及棱柱的高度尺寸，画出其正面投影图。

③ 根据"高平齐、宽相等"的投影关系，画出其侧面投影图。

④ 检查底稿、加深图线，如图 3-1-7 所示。

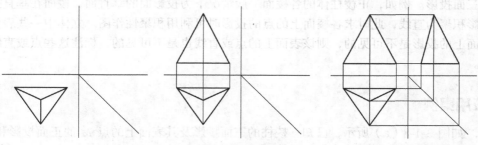

图 3-1-7　正三棱锥的投影画法

67

（3）常见棱锥体的投影。

常见棱锥体的投影见表 3-1-2。

表 3-1-2　　　　　　　　　　　　　常见棱椎的投影

名称	实体模型	三面正投影
三棱锥		
正五棱锥		

三、平面立体表面上点和直线的投影

平面立体的表面都是由平面多边形组成的，立体表面上取点或直线实际上就是利用平面上取点或直线的方法获得的。根据平面立体的形体特性及表面位置，作图方法一般有两种：一是利用特殊位置表面的积聚性作图；二是辅助线法作图。其作图的基本原理是：平面立体上的点和直线一定在立体表面上。由于平面立体的各表面存在着相对位置的差异，必然会出现表面投影的相互重叠，从而产生各表面投影的可见与不可见问题，因此对于表面上的点和线，还应考虑它们的可见性。判断立体表面上点和线可见与否的原则是：如果点、线所在的表面投影可见，那么点、线的同面投影一定可见，否则不可见。

1. 利用平面的积聚性作图

如果点或直线所在的立体表面在某一投影面上的投影积聚为一条直线，那么点在该面上的投影必定在该直线上。因此，如果知道点的一面投影和其所在表面的位置，即可根据投影关系作出其三面投影。例如，正棱柱体的各棱面一般情况下为投影面的垂直面，棱面在垂直投影面上的投影积聚为直线，此时求各棱面上的点的投影时可利用积聚性作图。立体中一些表面在某一投影面上的投影是不可见的，则该表面上的点或直线也是不可见的，标注这些点或直线时要加括号。

▣应用案例

1. 如图 3-1-8（a）所示，已知三棱柱的三面投影及其表面上的点 M 的正面投影和点 N 的侧面投影，求其余两投影。

分析与作图过程如下。

　　三棱柱的三个侧面的水平投影都积聚为直线且与正三角形三个边重合，三条棱线的水平投影积聚成三角形的三个顶点，点 M 的水平投影落在该点所在棱面的积聚线段上，点 N 的投影也在其表面所积聚的线段上，又知点 M 的正面投影可见，所以点 M 在前、左棱面上，其侧面投影可见；点 N 的侧面投影不可见，所以点 N 在前、右棱面上，其正面投影可见。其作图过程如图 3-1-8（b）所示。

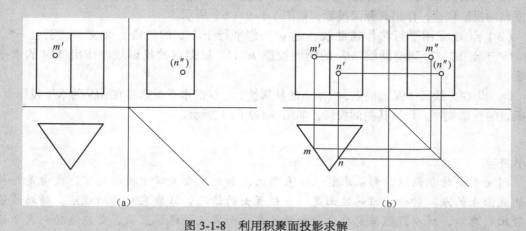

图 3-1-8　利用积聚面投影求解

2. 辅助线法作图

　　如果点所在的立体表面为一般位置平面，则可利用平面上取点的方法作图，即在平面上过点作一条辅助线，先作出线的投影，然后根据点的从属性作出其投影，这就是辅助线法。

应用案例

　　2. 如图 3-1-9（a）所示，已知三棱锥的三面投影及其表面上的点 K 的正面投影和 G 的侧面投影，求其余两投影。

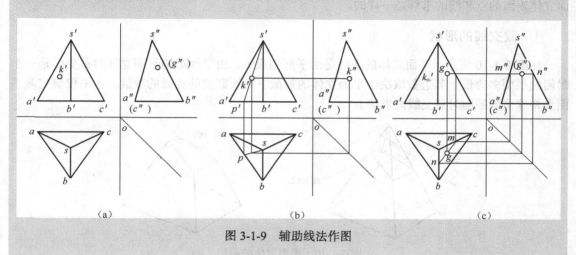

图 3-1-9　辅助线法作图

69

分析与作图过程如下。

由图 3-1-9（a）可知，点 K 在左侧面 SAB 上，点 G 在右侧面 SBC 上，两点所在平面均为一般位置平面，需采用辅助线法作图。

（1）点 K 采用顶点法作辅助线。连接 s'k'并延长与 a'b'相交于一点 p'，得到辅助线 SP 的正面投影 s'p'，根据投影规律画出其水平投影 sp。

（2）点 K 为线段 SP 上的点，根据点的从属性，点 K 的水平投影必在 SP 的水平投影上。根据点的投影规律，作出其侧面投影，如图 3-1-9（b）所示。

（3）点 G 采用平行法作辅助线。过 g"点作平行于 b"c"的线段，并交 s"c"于点 m"，交 s"b"于点 n"，得到辅助线 MN 的侧面投影 m"n"，根据点的投影规律作出 MN 的水平投影。

（4）点 G 为线段 MN 上的点，根据点的从属性，点 G 的水平投影必在 MN 的水平投影上。根据点的投影规律，作出其侧面投影，如图 3-1-9（c）所示。

☼小提示

利用平面的积聚性投影来求解立体表面的点和线主要是对于棱柱而言，或者是指棱锥的底面上的点。对于棱锥的棱面是一般位置面的情况，只能采用辅助线法。辅助线法一般比较麻烦，所以做题前先要分析面的性质，如果是特殊位置面，首先选择利用积聚性投影来求解。

四、平面切割平面立体

立体被平面截切后所形成的形体称为切割体。其中截切立体的平面称为截平面，截平面与立体的交线叫做截交线，截交线所形成的封闭多边形或曲线叫做截断面。截交线有以下两个特性。

闭合性：截交线组成封闭的平面多边形或曲线。

共有性：截交线既从属于截平面，又从属于立体表面，是截平面与立体表面的共有线。

求平面切割平面立体的投影，其实就是求截交线的投影。截交线在立体的表面，所以和上面立体表面的点和线的求解是一样的。

1. 截交线的形状

如图 3-1-10 所示，平面立体的表面是由平面围成的，由平面截割平面立体时截交线是一个封闭的平面多边形，其边数取决于平面立体的被截平面所截割的棱面的数量。本书仅研究截平面为特殊位置平面时截交线的求法。

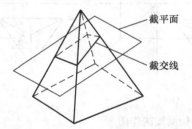

图 3-1-10　平面立体的截切

70

2. 截交线的求解作图

平面截割平面立体时截交线是一个封闭的平面多边形，其边数取决于平面立体的被截平面所截割的棱面的数量，其顶点是平面立体的棱线与截平面的交点，所以求平面立体截交线一般有以下两种方法。

（1）交点法。首先求出平面立体上的各棱线（或底边）与截平面的交点，然后将位于同一棱面上（或同一底面上）的两点依次相连，即得截交线。

（2）交线法。分别作出平面立体上各棱面（或底面）与截平面的交线，各段交线所连成的多边形即截交线。在解题过程中，首先要识读平面体在未截切前的原始形状，然后结合截平面的截切位置判断截交线的形状，最后分析截交线的投影情况，从而确定作图顺序与方法。本书仅研究截平面为特殊位置平面时截交线的求法。

☆小提示

截交线的求解，可以转化为立体表面的点的求解，因此应先分析截平面与平面立体的交点。交点一般是与棱线的交点，交点的个数也决定了截断面为几边形。连接交点时，只有两点在同一个表面上时才能连接。在连线时还应判别交线各段投影的可见性，将可见的与不可见的各段分别用实线和虚线表示清楚。

📚应用案例

3. 如图 3-1-11（a）所示，完成五棱柱被正垂面 P 截切后的三面投影图。

分析与作图过程如下。

从交点法的角度分析，截平面 P 与五棱柱的 4 条棱线及顶面的两条边相交，共有 6 个交点，求出这 6 个交点的投影并依次相连，就得到六边形截断面的投影；从交线法的角度分析，截平面 P 与棱柱的顶面及 5 个棱面相交，求出 6 条交线的投影即可。

由于截平面 P 是正垂面，所以截断面的正面投影积聚为一条线段，作图时可以根据其正面投影作出其余两面投影。作图步骤如下。

（1）先绘出完整五棱柱的三面投影图，根据截平面的正面投影标出截断面上 6 个顶点 1′、2′、3′、4′、5′、6′的位置。其中 1′、2′、3′、6′是截平面与棱线的交点，4′、5′是截平面与顶面上两条边的交点，且 4′、5′两点是正投影面上的重影点。

（2）在水平投影中，因 1、2、3、6 点在棱线上，4、5 点在顶面边线上，所以根据点的投影规律及从属性，可以在五棱柱的水平投影中确定 6 个点的位置，如图 3-1-11（b）所示。

（3）由点的两面投影，根据投影规律，可以作出各点的侧面投影，如图 3-1-11（c）所示。

（4）连接各点的同名投影，即得到截交线的各面投影，如图 3-1-11（d）所示。

（5）擦去多余图线，并区分图线可见性，不可见的图线用虚线绘出，可见的图线用粗实线绘出。

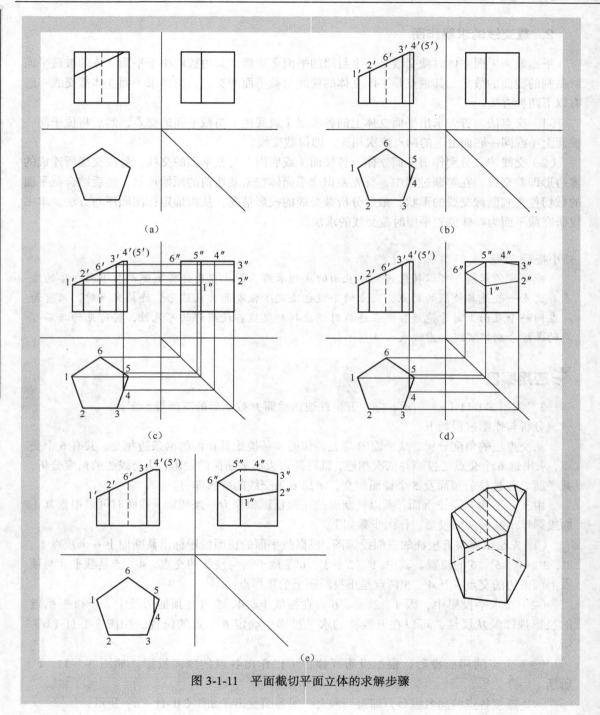

图 3-1-11　平面截切平面立体的求解步骤

知识拷问

1. 分析下列形体，求出其第三面投影和表面点的三面投影。并分析点的位置关系，如果看成基本体切割而成的，那么截平面的性质是什么？

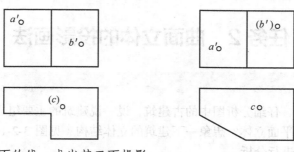

2. 分析三棱柱表面的线，求出其三面投影。

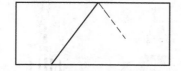

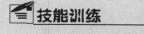课堂讨论

1. 讨论基本体的投影规律，分析棱柱和棱锥的投影都有哪些特点？怎样根据投影来判断空间立体的类型？组成建筑的棱柱多是直棱柱和正棱锥，分析为了使建筑线条更圆滑，可以采用什么基本体？

2. 讨论平面切割平面立体的截平面的性质，如何进行求解？

技能训练

完成下列被切割平面立体的三面投影。并分析当截平面发生变化时，截断面有什么变化。

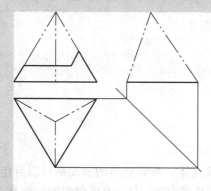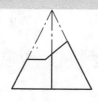

自我测试

1. 基本体的类型有哪些？是如何划分的？

2. 求解平面立体表面的点和线的方法有哪些？

3. 截交线的性质是什么？什么是截断面？如何求解？

任务 2 曲面立体的投影画法

工作任务

认真观看下面图片，仔细分析图中的古建筑，说一说建筑的主要组成都有哪些基本体？哪些是曲面立体，哪些是平面立体？想象一下建筑的立体结构（见图 3-2-1）。要求自己搜索漂亮的建筑图片，并对建筑进行分析。

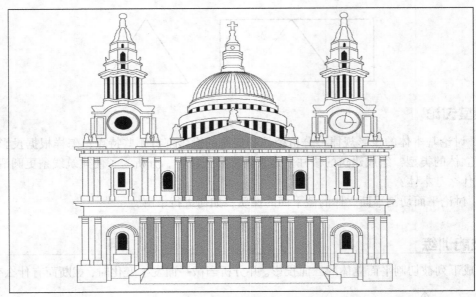

图 3-2-1 建筑图片

知识链接3.2

一、曲面立体的投影

1. 曲面体的类型

表面由曲面或曲面与平面围成的立体，称为曲面立体。曲面立体的表面都可以看作是由一条直线或曲线绕着轴线旋转而得到的，所以这些立体又称为回转体。形成曲面的动线称为母线，母线在旋转过程中的每一位置称为素线，母线上任一点的运动轨迹都是圆，这个圆称为纬圆。圆柱、圆锥和圆球是工程中常见的曲面立体，如图 3-2-2 所示。

图 3-2-2 常见曲面体

圆柱表面是由一条直线绕着与之平行的固定轴线旋转得到的；圆锥表面是由一条直线绕着与之相交的固定轴线旋转得到的；球面是由一个圆绕着其直径旋转得到的。曲面立体的表面是光滑曲面，因此画其投影图时，一般仅画出曲面的可见部分与不可见部分的分界线，即轮廓素线的投影。在作图过程中，常用的轮廓素线主要有：最前素线、最后素线、最左素线与最右素线。

根据素线的性质，曲面体又可分为直纹曲面和曲纹曲面。

直纹曲面：素线为直线的曲面体，圆柱、圆锥就是就是直纹曲面。

曲纹曲面：素线为曲线的曲面体，球、圆环就是曲纹曲面。

2. 圆柱体的投影

圆柱表面是由一条直线绕着与之平行的固定轴线旋转得到的；圆柱体由圆柱面及两个圆形的平行底面围成，如图 3-2-3 所示。

（1）圆柱体的投影分析。

如图 3-2-4 所示为一轴线垂直于水平投影面的圆柱体。在三面投影图中，其水平投影是一个圆，这个圆是上、下底面的投影，反映实形；圆柱面的投影积聚在圆周上。正面投影与侧面投影是两个相等的矩形，矩形的高等于圆柱的高，宽等于圆柱的直径，矩形的上下底边是圆柱体上下底面的积聚投影，左右两条边为轮廓素线的投影。正面投影的左、右两条边分别是最左和最右两条轮廓素线的投影，侧面投影的左、右两条边是最前和最后两条轮廓素线的投影。

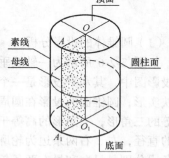

图 3-2-3　圆柱体

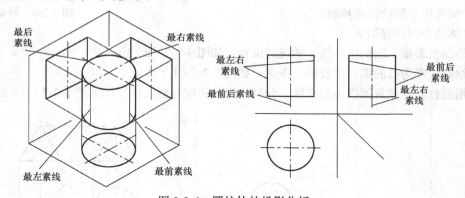

图 3-2-4　圆柱体的投影分析

（2）圆柱体投影的作图步骤。

圆柱体的作图步骤如下。

① 绘制投影轴，定出中心线、轴线的位置，如图 3-2-5（a）所示。

② 绘制投影为圆的那一面投影，作圆，如图 3-2-5（b）所示。

③ 根据投影规律及圆柱体的高度，分别作出其正面与侧面投影，如图 3-2-5（c）所示。

3. 圆锥体的投影

圆锥表面是由一条直线绕着与之相交的固定轴线旋转得到的；圆锥体由圆锥面及一个圆形的底平面围成，如图 3-2-6 所示。

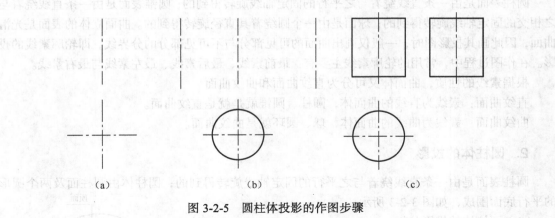

图 3-2-5　圆柱体投影的作图步骤

（1）圆锥体的投影分析。

如图 3-2-6 所示为一轴线垂直于水平投影面的圆锥体。在三面投影图中，其水平投影是一个圆，这个圆是圆锥底面的投影，反映实形；圆锥面的投影在圆周内。正面投影与侧面投影是两个相等的三角形，三角形的高等于圆锥的高，底边长等于圆锥底面圆的直径，左、右两条边为轮廓素线的投影。正面投影的左、右两条边分别是最左和最右两条轮廓素线的投影，侧面投影的左、右两条边是最前和最后两条轮廓素线的投影。

（2）圆锥体投影的作图步骤。

圆锥体的作图步骤如下。

① 绘制投影轴，定出中心线、轴线的位置，如图 3-2-7（a）所示。

② 绘制投影为圆的那一面投影，作圆，如图 3-2-7（b）所示。

③ 根据投影规律及圆锥体的高度，分别作出其正面与侧面投影，如图 3-2-7（c）所示

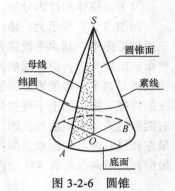

图 3-2-6　圆锥

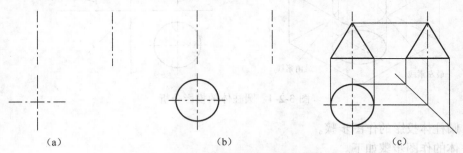

图 3-2-7　圆锥体投影的作图步骤

4. 圆球体的投影

球面是由一个圆绕着其直径旋转得到的，是一种曲线曲面；由球面围成的立体称为圆球体，简称球体。

（1）圆球体的投影分析。

如图 3-2-8 所示，在三面投影图中，圆球的 3 个投影都是直径等于球的直径的圆，这 3 个圆代表的是球面上 3 个不同位置的圆。水平投影是上、下球面的分界圆；正面投影是前、后球

面的分界圆；侧面投影是左、右球面的分界圆。

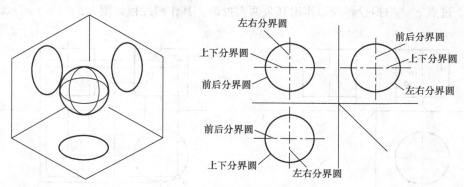

图 3-2-8　圆球体的投影分析

（2）圆球体投影的作图步骤。

圆球体的三面投影十分简单，是三个完全一样的圆，但是，这三个圆分别是最大的水平纬圆和最大的正平纬圆和最大的侧平纬圆的投影，这三个大圆也是球体的特殊位置素线。作图步骤一般要求先绘制中心对称线，然后依次绘制三个大圆即可。

☼小提示

1. 圆柱体的三个投影图分别是一个圆和两个全等的矩形，且矩形的长度等于圆的直径。满足这样三个投影图的立体是圆柱。

2. 圆锥体的三个投影图分别是一个圆和两个全等的等腰三角形，且三角形的底边长等于圆的直径，满足这样要求的投影图是圆锥体的投影图。

3. 球体的三个投影都是圆，如果满足这样的要求或者已知一个投影是圆且所注直径前加注字母"S"则为球体的投影。

二、曲面立体表面的点的投影

1. 圆柱体表面的点的投影

求圆柱体表面上点的投影，一般可以用圆柱体表面投影的积聚性来作图。

📖应用案例

1. 如图 3-2-9（a）所示，已知圆柱体的三面投影及其表面上的点 A、B 的正面投影和点 C 的侧面投影，求其余两投影。

分析与作图过程如下。

圆柱体轴线垂直于水平面，水平投影积聚为一个圆，A、B 两点水平投影必落在圆周上；C 点在最前轮廓素线上，根据圆柱的几何特性及点的从属性，其三面投影容易求得。B 点的正面投影不可见，且在点画线的右侧，可以判断其在后、右半圆柱上，其侧面投影不可见。

作图步骤如下。

（1）过 a'、b'作铅垂线与圆周线相交，交点即是其水平投影 a、b，根据点的投影规律即

得其侧面投影 a''、b''。

（2）过点 c''，根据投影规律作出其余两面投影。其作图过程如图 3-2-9（b）所示。

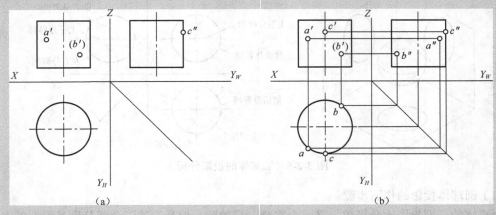

图 3-2-9 圆柱表面的点的投影

2. 圆锥体表面的点的投影

圆锥体表面没有积聚线，表面上取点的方法类似于一般位置表面，需要作辅助线。圆锥面上的点都可以找到一条过此点的素线和一个纬圆。因此求解圆锥体表面上点的投影的方法有素线法和纬圆法两种。

应用案例

2. 如图 3-2-10 所示，已知圆锥体的三面投影及其表面上的点 A 的正面投影，求其余两投影。

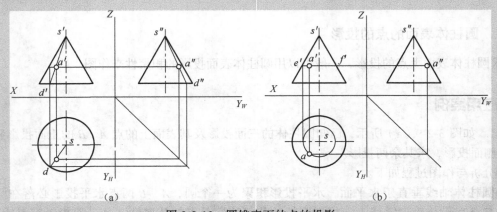

图 3-2-10 圆锥表面的点的投影

分析与作图过程如下。

（1）素线法。通过圆锥体表面上的已知点引辅助素线来求点的作图方法称为素线法。圆锥面上所有点一定在过该点的素线上，如图 3-2-10（a）所示，在正面投影上，连接 sa 并延

长交底边于 d' 点，SD 就是过 A 点的素线，在圆锥体表面作出素线 SD 的水平投影与侧面投影，根据点的投影的从属性可以作出点 A 的水平与侧面投影。

（2）纬圆法。纬圆法就是过点 A 在圆锥体表面上作一个辅助纬圆来求点的方法。如图 3-2-10（b）所示，在正面投影上，过 a' 点作水平线，交圆锥体的最左与最右素线于 e'、f' 两点，该两点的连线即为过点 A 的纬圆的正面投影，该纬圆的水平投影是一个直径等于线段 EF 长度的圆。点 A 的水平投影在该纬圆的圆周上。根据点的投影规律即可得到 A 点的侧面投影。

3. 圆球体表面的点的投影

在圆球表面上求点，可以过球面该点作平行于投影面的辅助纬圆来作图。球面的轴线可以是过球心的任意方向的直线，所以球面上任何一个平行于投影面的圆都是纬圆。

应用案例

3. 如图 3-2-11（a）所示，已知圆球体的三面投影及其表面上的点 A 的正面投影，求其余两投影。

分析与作图过程如下。

如图 3-2-11（b）所示，在正面投影上，过 a' 点作水平线，交圆锥体的最左与最右素线于 e'、f' 两点，该两点的连线即为过点 A 且平行于水平投影面的纬圆的正面投影，该纬圆的水平投影反映实形，是一个直径等于线段 EF 长度的圆。点 A 的水平投影在该纬圆的圆周上。根据点的投影规律，即可得到 A 点的侧面投影。其作图过程如图 3-2-11（b）所示。

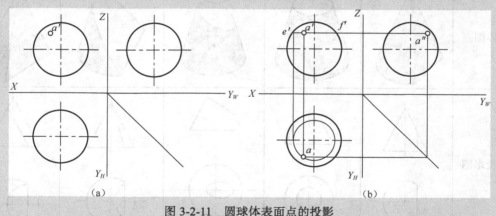

图 3-2-11　圆球体表面点的投影

三、平面切割曲面立体的投影

1. 截交线的形状

平面截割曲面立体时所得的截交线，根据截平面与曲面立体的相对位置不同，可以得矩形、三角形和封闭的平面曲线（如圆、椭圆、抛物线等）等几种图形。

（1）圆柱体上的截交线。圆柱体截割后产生的截交线，根据截平面与圆柱体的相对位置不同，一般有矩形、圆或椭圆等几种形状，见表 3-2-1。

表 3-2-1　　　　　　　　　　　　　　　圆柱常见的截断面形状

截平面的位置	与轴线垂直	与轴线平行	与轴线倾斜
实体图			
三面投影图			
截交线形状	矩形	圆形	椭圆形

（2）圆锥体上的截交线。圆锥体截割后产生的截交线，根据截平面与圆锥体的相对位置不同，一般有三角形、圆、椭圆、抛物线、双曲线等几种形状，见表 3-2-2。

表 3-2-2　　　　　　　　　　　　　　　圆锥常见的截断面形状

截平面的位置	与轴线平行	与轴线垂直	与轴线倾斜且与所有素线相交	与轴线倾斜且平行于某一素线	与轴线倾斜且过锥顶
实体图					
三面投影图					
截交线形状	双曲线	圆	椭圆	抛物线	三角形

（3）圆球体上的截交线。平面截切球体，无论截平面的位置如何，其截交线的形状都是一个圆。只是截平面相对投影面的位置不同，所得到的投影不同。当截平面与投影面平行时，截交线的投影反映实形，是一个圆；当截平面与投影面倾斜时，其投影是一个椭圆。因此在作图时，首先判断截平面的位置，确定其投影形状，再进行绘制。

2. 截交线的作图

截交线是截平面与曲面体的共有线，截交线上的每一点都是截平面与曲面体表面的一个共有点。求曲面立体的截交线，实际上是作出截平面和曲面上的一系列共有点，然后顺次连接成光滑的曲线。为了能准确地作出截交线，首先需要求出控制截交线形状、范围的特殊点，如椭圆的长轴及短轴的端点、抛物线及双曲线的顶点、曲线的边界点（即最高、最低、最前、最后、最左、最右和转向轮廓线上的点），然后再作一些一般点，最后连成曲线。

☆小提示

　　平面截切曲面体的截交线大部分都是曲线，而求解曲线需要一系列的点。一般情况下，先求出特殊素线上的点和端点，还要求一些中间点，然后依次连接成圆滑的曲线。因此应在求解前先对截断面进行分析，这样会减少做题的失误。

📦应用案例

　　4. 如图 3-2-12（a）所示，作出圆柱被正垂面截切后的三面投影图。
　　分析过程如下。
　　圆柱轴线垂直于水平投影面，其水平投影积聚为一个圆，圆柱表面上所有点的水平投影都在圆周上。圆柱被正垂面截切，截交线形状是一个椭圆。椭圆的正面投影积聚为一条线段，线段的长度等于椭圆的长轴长度；椭圆上的点都在圆柱表面上，其水平投影落在圆柱面的水平投影上而成为一个圆；根据投影规律可以作出椭圆的侧面投影。
　　作图步骤如下。
　　（1）求特殊点。根据截交线的正面投影与水平投影标出椭圆长轴的端点 A、B 与短轴的端点 C、D 的位置，并作出其侧面投影，如图 3-2-12（b）所示。
　　（2）求一般点。长、短轴确定后，椭圆的形状基本确定。但为了作图准确，可以在特殊点之间取一些一般位置点，图中选取 E、F、G、H 这 4 个点，由其水平与正面投影可以求出其侧面投影，如图 3-2-12（c）所示。
　　（3）连点。将所求各点的侧面投影依次光滑连接，即得到截交线的侧面投影。
　　（4）判断可见性。由图示可知其侧面投影均为可见。
　　（5）检查、整理、描深图线，完成全图，如图 3-2-12（d）所示。

81

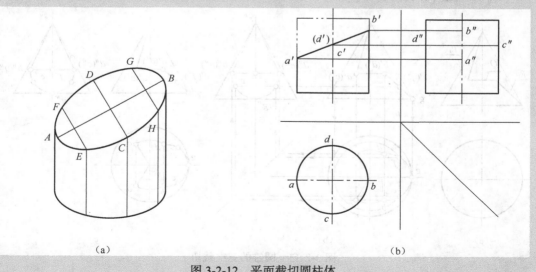

图 3-2-12　平面截切圆柱体

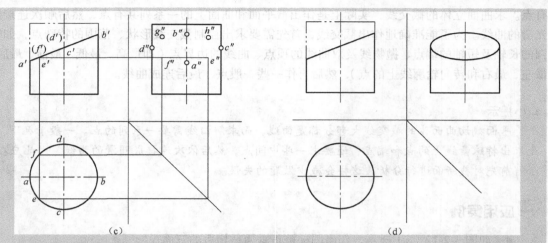

图 3-2-12 平面截切圆柱体（续）

🦫 应用案例

6. 如图 3-2-13（a）所示，已知具有切口的圆锥的 V 面投影，求其 H 面投影及 W 面投影。分析与作图过程如下。

由 V 面投影可知，圆锥的切口是由正垂面 P、水平面 Q 和正垂面 R 截切而成的，截交线应分段作出。注意画出各截平面之间的交线，这里，三个截平面之间的交线是正垂线。

作图步骤如下。

（1）作正垂面 P 与圆锥的截交线 SA 和 SC，如图 3-2-13（b）所示。

（2）作正垂面 P 与水平面 Q 的交线 AC，如图 3-2-13（b）所示。

（3）作水平面 Q 与正垂面 R 的交线 BD，如图 3-2-13（b）所示。

（4）作水平面 Q 与圆锥的截交线（两端圆弧）AB 和 CD，如图 3-2-13（b）所示。

（5）作正垂面 R 与圆锥的截交线 $BEGFD$，如图 3-2-13（b）所示。

（6）完成整个形体的投影，作图结果如图 3-2-13（c）所示。

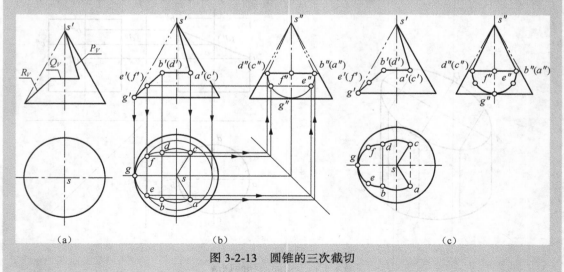

图 3-2-13 圆锥的三次截切

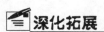

深化拓展

思考： 前面分析的是单个基本体的投影和截切后的基本体的投影，但是建筑不可能是一个简单的基本体，它可能是很多个基本体经过截切和相交而形成的。那么立体相交的投影应该怎样求得呢？求解两立体相交的关键是求解相贯线。

相贯线是两立体表面的共有线，也是两立体的分界线；相贯线上的点是两立体表面的共有点；相贯线一般为封闭的空间曲线，但在特殊情况下也为平面曲线或直线，也可能不封闭。在多面正投影中求解相贯线属于初学者的难点之一，一般多采用表面取点法求解。

表面取点法： 当两个回转体中有一个表面的投影有积聚性时，可用在曲面立体表面上取点的方法作出两立体表面上的这些共有点；这种方法称为表面取点法。

辅助平面法： 作一组辅助平面，分别求出这些辅助平面与这两个回转表面的交点，这些点就是相贯线上的点。这种方法称为辅助平面法。为了作图方便，一般选特殊位置平面为辅助平面。

如图 3-2-14 所示，求屋面与烟囱、屋面与气窗的交线。

解： 如图 3-2-14 所示，屋面是一个棱线垂直于 W 面的三棱柱，烟囱是一个棱线垂直于 H 面的四棱柱，气窗是一个棱线垂直于 V 面的五棱柱，因此，屋面与烟囱的相贯线的 H 面投影重影在烟囱的有积聚性的 H 面投影上（四边形），W 面投影重影在屋面的有积聚性的 W 面投影上，只需求其正面投影。屋面与气窗的相贯线的 V 面投影重影在气窗的有积聚性的 V 面投影上，W 面投影重影在屋面的有积聚性的 W 面投影上，只需求其 H 面投影。

作图步骤如下。

（1）在 H 投影面和 W 投影面上注写屋面与烟囱相贯线各顶点的标记，根据投影关系，作出 A、B、C、D 点的 V 面投影 a'、b'、c'、d'。

（2）依次连接各点的 V 面投影，判别可见性。

（3）在 V 投影面和 W 投影面上注写屋面与气窗相贯线各顶点的标记，根据投影关系，作出 Ⅰ、Ⅱ、Ⅲ、Ⅳ和 Ⅴ点的 H 面投影 1、2、3、4、5。

（4）依次连接各点的 H 面投影，判别可见性。

83

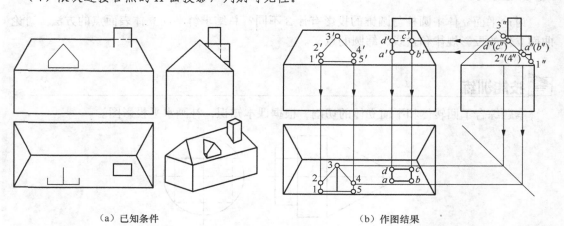

（a）已知条件　　　　　　　　　　　（b）作图结果

图 3-2-14　立体相贯线的求解

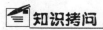

知识拷问

1. 在规定的时间内，根据已知棱台表面折线的 V 面投影，补充完成该折线的另外两面投影。

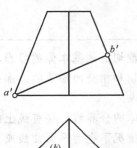

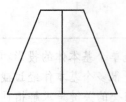

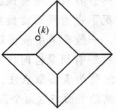

2. 已知半球的三面投影，根据两个截平面性质分析截断面的形状，求出经过截切后半球的三面投影。

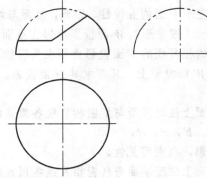

📖 **课堂讨论**

讨论平面立体中圆柱与圆锥的投影有什么不同？总结求解平面立体表面点的方法。讨论曲面立体的投影规律和素线、纬圆的意义。

✍️ **技能训练**

本题综合了回转体和平面立体的切割，根据课本知识，补画水平投影图。

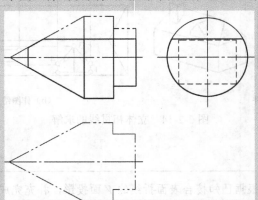

自我测试

1. 常见的曲面立体有哪些？
2. 什么是纬圆和素线？回转体是如何定义的？
3. 截交线具有什么样的性质？
4. 仔细思考棱锥的常见截断面有哪些类型。

综合任务　切割型建筑形体的绘制

仔细分析下列形体的二面投影，根据基本体的投影规律，对截平面的性质进行分析，从而想象出截断面的大体形状，要求在 A4 纸上绘制下面图形的第三面投影。

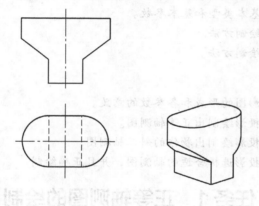

85

项目 4

轴测投影图的绘制

知识目标

- 了解轴测投影图的形成。
- 掌握轴测投影图的基本类型和基本参数。
- 掌握正等轴测图的绘制方法。
- 掌握斜二轴测图的绘制方法。

能力目标

- 能正确理解轴测投影图的形成和各参数的意义。
- 能根据形体的三面投影绘制出正等轴测图。
- 能根据形体的三面投影绘制出物体的斜二轴测图。
- 能根据形体的三面投影选择合适的轴测图，并且正确绘制。

任务 1 正等轴测图的绘制

工作任务

在工程上用的正投影图图形不直观，缺乏看图训练的人很难看懂，因此需要一种立体感较好、直观易懂的图样作为辅助图样帮助工程人员更好地理解设计者的意图，这就是轴测图。绘制形体的轴测图也是工程人员的任务之一。应能根据三视图绘制出形体的正等轴测图如图 4-1-1 所示。

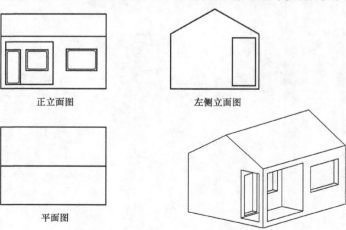

正立面图　　　　　左侧立面图

平面图

图 4-1-1　三视图及轴测图

知识链接4.1

一、轴测投影图的必要性

在工程上用正投影图表达形体，有作图简单、度量性好，并能完全确定形体的空间形状和大小的优点，但是三面投影图中，每个投影图只反映形体长、宽、高 3 个方向中的两个，识读时必须把各个投影图联系起来，才能想象出空间形体的全貌，图形不直观，缺乏看图训练的人很难看懂。因此需要一种立体感较好、直观易懂的图样作为辅助图样帮助工程人员更好地理解设计者的意图，这就是具有立体感的轴测图。轴测图有较好的直观性，常常用做表达设计者思想的工程辅助图样，如图 4-1-2 所示。

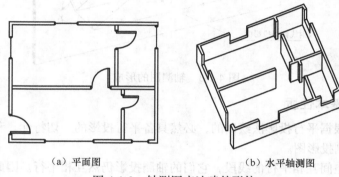

（a）平面图　　　　　　　　　　（b）水平轴测图

图 4-1-2　轴测图表达建筑形体

二、轴测投影图基本知识

1. 轴测投影图的形成

将形体连同其参考直角坐标系一起，用平行投影法，沿不平行于任一坐标平面的方向 S 投射到投影面 P 上，所得到的具有立体感的投影称为轴测投影。用这种方法绘制的图样称为轴测投影图，简称轴测图。其中，投影方向 S 为投射方向，投影面 P 为轴测投影面，形体原参考坐标系中 3 个轴 OX、OY、OZ 在轴测投影面 P 上的投影 O_1X_1、O_1Y_1、O_1Z_1 为轴测轴。图 4-1-3 为轴测图的形成过程。

2. 轴测图的基本参数

轴测图的基本参数主要有轴间角和轴向变形系数。

（1）轴间角。相邻两轴测轴之间的夹角称为轴间角，如图 4-1-4 中的 $\angle X_1O_1Y_1$、$\angle X_1O_1Z_1$、$\angle Z_1O_1Y_1$。

（2）轴向变形系数。轴测轴上单位长度与它的实长之比称为轴向变形系数。常用字母 p、q、r 来分别表示 OX、OY、OZ 轴的轴向变形系数：

OX 轴的轴向变形系数 $p = O_1X_1/OX$；

OY 轴的轴向变形系数 $q = O_1Y_1/OY$；

OZ 轴的轴向变形系数 $r = O_1Z_1/OZ$。

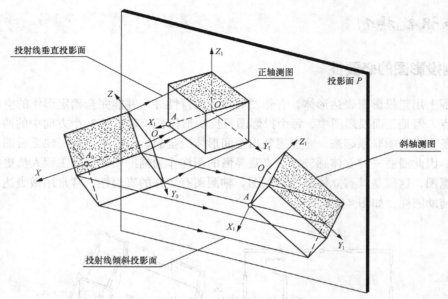

图 4-1-3 轴测图的形成

3. 轴测图的基本性质

由于轴测图是根据平行投影法绘制的，必然具备平行投影的一切特性。利用下面特性可以快速准确地绘制轴测投影图。

（1）平行性。空间互相平行的线段，它们的轴测投影仍然互相平行。因此，形体上与坐标轴平行的线段，其轴测投影必然平行于相应的轴测轴，且其变形系数与相应的轴向变形系数相同。而空间与坐标轴不平行的线段不具备该特性。

（2）定比性。空间互相平行的两线段长度之比，等于它们的轴测投影长度之比。因此，形体上平行于坐标轴的线段，其轴测投影长度与实长之比，等于相应的轴向变形系数。同时，同一直线上的两线段长度之比，其轴测投影中仍保持不变。

（3）显实性。空间形体上平行于轴测投影面的直线和平面，在轴测图上反映实长和实形。因此，对于形体上的复杂图形表面，可使该面与轴测投影面平行，以简化作图过程。

4. 轴测图的分类

（1）按投射方向分类。

按照投射方向和轴测投影面相对位置的不同，轴测投影图可以分为以下两类。

① 正轴测投影图。投射方向 S 垂直于轴测投影面时，可得到正轴测投影图，简称正轴测图。此时，3 个坐标平面均与轴测投影面倾斜。

② 斜轴测投影图，投射方向 S 倾斜于轴测投影面时，可得到斜轴测投影图，简称斜轴测图。

（2）按轴向变形系数分类。

在上述两类轴测投影图中，按照轴向变形系数的不同，又有如下分类。

① 正轴测图可分为如下几种。

a. 正等轴测图：$p=q=r$ 时，简称正等测。

b. 正二等轴测图：$p=q \neq r$ 时，或 $q=r \neq p$ 或 $p=r \neq q$ 时，简称正二测。

c. 正三等轴测图：$p \neq q \neq r$ 时，简称正三测。

② 斜轴测图可分为如下几种。

a. 斜等轴测图：$p=q=r$ 时，简称斜等测。

b. 斜二等轴测图：$p=q\neq r$ 时，或 $q=r\neq p$ 或 $p=r\neq q$ 时，简称斜二测。

c. 斜三轴测图：$p\neq q\neq r$ 时，简称斜三测。

表 4-1-1 给出了常见的轴测图类型，其中，正等轴测图与斜二等轴测图是工程中最常用的辅助图样，本章主要介绍这两种轴测图的作图方法。

表 4-1　　　　　　　　　　　　　　　　常见轴测投影图的类型

种类	轴间角	轴向伸缩系数或简化系数	示例
正等测		简化系数：$p=q=r=1$	
正二测		简化系数：$p=r=1$，$q=1/2$	
正面斜等测、正面斜二测		轴向伸缩系数正面斜等测：$p=q=r=1$；正面斜二测：$p=r=1$，$q=1/2$	
水平斜等测、水平斜二测		轴向伸缩系数水平斜等测：$p=q=r=1$；水平斜二测：$p=r=1$，$q=1/2$	

☆小提示

　　在轴测投影图的形成过程中要注意，一定是形体连同参考坐标系一起投影，坐标系一般选择形体的棱线或者形体的对称线、中心线。为了能看到形体更多的信息，必须投影方向和任一坐标面都不平行。

三、正等轴测图的绘制

　　正等轴测图是用正投影法绘制的一种轴测图。当投射方向 S 垂直于轴测投影面 P，3 个坐标平面均与轴测投影面倾斜，并且 3 个坐标轴的轴向变形系数均相等时，所得到的投影图是正等轴测图，它是工程中常用的辅助图样。

1. 轴间角与轴向变形系数

当投射方向 S 垂直于轴测投影面 P，并且 3 个坐标轴与轴测投影面 P 倾角相等时，3 个坐标轴的轴向变形系数均相等，如图 4-1-4 所示。根据几何知识，可以得到正等轴测图的轴向变形系数 $p=q=r=0.82$，轴间角 $\angle X_1O_1Y_1=\angle X_1O_1Z_1=\angle Z_1O_1Y_1=120°$。为简化作图，习惯上把 O_1Z_1 轴画成铅垂位置，O_1X_1 轴 O_1Y_1 轴均与水平线成 30° 角。在工程实践中，为方便作图，常采用简化变形系数，取 $p=q=r=1$，这样可以直接按实际尺寸作图，但是画出的图形比原轴测图要大些，各轴向长度均放大 $1/0.82≈1.22$ 倍。

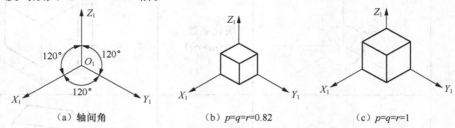

图 4-1-4　正等轴测图的轴间角和轴向伸缩系数

（a）轴间角　　　　　（b）$p=q=r=0.82$　　　　　（c）$p=q=r=1$

2. 平面立体正等轴测图的画法

正等轴测图的常用画法有坐标法、叠加法、端面法等。在实际作图中，需根据形体特点灵活使用。

（1）坐标法。

正等轴测图的基本画法是坐标法，即根据形体上的各顶点坐标定出其投影，然后依次连线，再形成形体。

应用案例

1. 如图 4-1-5（a）所示，已知正五棱柱的两视图，用简化系数作这个正五棱柱的正等测。

分析与作图：

画基本体的轴测图时，通常把基本体的一个表面放置在坐标平面上，由坐标轴出发，按坐标依次画出各点的轴测投影，连接这些点，便形成基本体的轴测图。这种画法常称坐标法。

作图步骤如下：

（1）如图 4-1-5（a）所示，在已知视图中确定坐标轴。正五棱柱的顶面和底面为水平的正五边形，左右对称，可取 OX 轴与后顶边 AB 重合，坐标原点与 AB 的中点重合，OY 轴与顶面的左右对称线重合。

（2）如图 4-1-5（b）所示，作轴测轴 OX、OY，然后作顶面各顶点 A、B、C、D、E 的轴测投影，连成顶面的轴测图，从点 O 沿 OX 轴向两侧量取图 4-1-4（a）中的 X_1，得点 A 和 B；沿 OY 轴量取图 4-1-5（a）中的 Y_1，得点 M，过点 M 作 OX 轴的平行线，向两侧量取图 4-1-5（a）中的 X_2，得点 C 和 E；沿 OY 轴量取图 4-1-5（a）中的 Y_2，得点 D。顺次连接点 A、B、C、D、E、A，即为正五棱柱顶面的轴测图。

（3）如图 4-1-5（c）所示，过 A、B、C、D、E 各点向下（也就是沿轴测轴 OZ 的方向）量取图 4-1-5（a）中的棱柱高，画出各可见棱线，也确定了底面的可见底边各顶点的轴测投影，顺次连出正五棱柱各可见底边，于是就完成了这个正五棱柱正等测的全部作图。

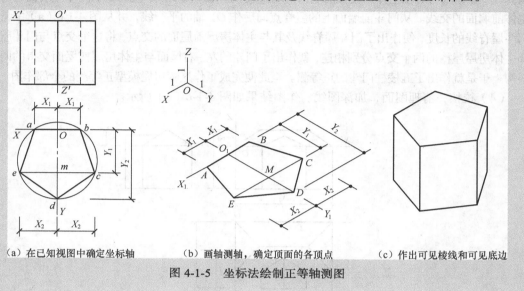

（a）在已知视图中确定坐标轴　　　　（b）画轴测轴，确定顶面的各顶点　　　　（c）作出可见棱线和可见底边

图 4-1-5　坐标法绘制正等轴测图

（2）叠加法。

叠加法是把形体分解成若干个基本形体，依次将各基本形体进行准确定位后叠加在一起，形成整个形体的轴测图的作图方法。为便于作图，要注意各部分的相对关系，选择合适的顺序。

应用案例

2.　如图 4-1-6 所示，已知带有门斗的四坡顶的房屋模型的三视图，画出它的正等测。

分析与作图过程如下。

看懂三视图，想象房屋模型的形状。由图 4-1-6（a）可以看出：这个房屋模型是由屋檐下的四个墙面形成的四棱柱（长方体，也就是这幢房屋的主体）、四坡屋面的屋顶和五棱柱门斗组合而成的。四棱柱的顶面与四坡屋顶的底面相重合，五棱柱门斗与四棱柱、四坡屋面都相交。因此，可先画四棱柱，再画四坡屋面，最后画五棱柱门斗。

作图步骤如下。

（1）选定坐标轴，画出屋檐和下部的长方体如图 4-1-6（a）所示，选定坐标轴。然后，如图 4-1-6（b）所示，按简化系数和尺寸 X_1、Y_1、Z_1 作出屋檐和长方体的正等测。

（2）作四坡屋面。从图 4-1-6（a）可以看出，四坡屋面除了前屋面与门斗的双坡屋面相交外，是左右、前后都对称的。如图 4-1-6（c）所示，可先用图 4-1-6（a）中的尺寸 Y_1 的一半和 X_2，作出屋脊线两个端点在长方体顶面上的次投影；然后，用尺寸 Z_2 作出这两个端点，连出屋脊线；最后，分别再与长方体顶面的顶点连成四坡屋面的斜脊。于是就完成了四坡屋面的正等测。

（3）作五棱柱门斗。从图 4-1-6（a）可以看出，五棱柱门斗的左、右两个坡屋面为正垂面，与四坡屋面的前屋面相交，门斗的屋脊线为正垂线，在平面图和左侧立面图中反映实长，左、右两侧墙面与四棱柱（房屋主体）的前墙面相交。五棱柱门斗的前墙面（五边形山墙）为正平面。作图如图 4-1-6（d）所示，可先用图 4-1-6（a）中的尺寸 Y_1、X_2、X_3、X_3 的一半（因为五棱柱

91

门斗左右对称）、Z_1、Z_3，作出门斗前墙面。由门斗前墙面的左下、左上和右上顶点作 Y 轴方向的可见墙脚线和屋檐线，分别与房屋主体四棱柱前墙面的墙脚线和屋檐相交，连接门斗左墙面的墙脚线、屋檐线与房屋主体四棱柱前墙面的墙脚线、屋檐线的交点，就画出了门斗左墙面与房屋主体前墙面的交线。从门斗前墙面上的屋脊点向后作 OY 轴的平行线，并从图 4-1-6（a）中量取门斗屋脊线的长度，便作出了门斗屋脊线及其与主体房屋前屋面的交点，将这个交点与门斗屋檐和主体房屋屋檐的两个交点分别相连，就作出了门斗的左、右屋面与主体房屋前屋面交得的两条斜沟。于是就作出了五棱柱门斗的正等测。至此便完成了作这幢房屋模型正等测的全部作图。

（4）校核，清理图面，加深图线。作图结果如图 4-1-6（e）所示。

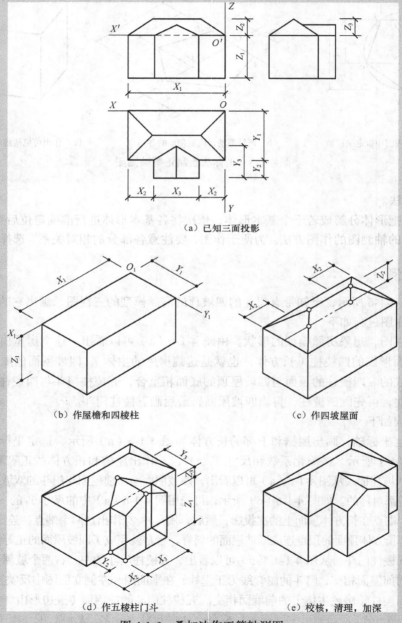

（a）已知三面投影

（b）作屋檐和四棱柱　　　　　　　　（c）作四坡屋面

（d）作五棱柱门斗　　　　　　　　（e）校核，清理，加深

图 4-1-6　叠加法作正等轴测图

（3）端面法。

根据形体特点，一般先画出最能反映形体特点的表面的正等轴测图，然后过该表面上各顶点，依次作出平行于某一尺寸方向的线段，且线段长度等于其尺寸值，即得到另一端面上的各顶点，依次连接各点，得到形体的轴测图的方法，称为端面法。一般情况下，若形体是由基本体经过简单切割后得到的，可以用端面法作图。

应用案例

3. 如图4-1-7所示，已知台阶的两面正投影图，画出其正等轴测图。

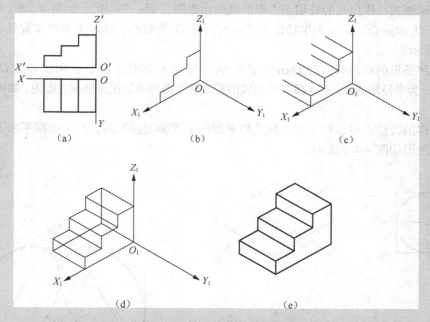

图4-1-7　端面法作正等轴测图

分析与作图过程如下。

（1）在两面正投影图上选定坐标系，如图4-1-7（a）所示。

（2）画轴测轴，画出台阶前端面的轴测投影图，如图4-1-7（b）所示。

（3）过前端面各顶点沿 O_1Y_1 轴方向引出台阶的宽度方向线，并使其长度等于台阶的宽度，如图4-1-7（c）所示。

（4）连接宽度线各顶点，得后端面的轴测投影，同时得到台阶的轴测图，如图4-1-7（d）所示。

（5）擦去多余图线，加深可见轮廓，完成图样，如图4-1-7（e）所示。

☆小提示

切割型形体一般会用到切割法，本书不再给出切割法的作图实例。作图时应先作出实体的原始图形，然后分析其切割的顺序，按切割顺序对原始形体的轴测图进行切割就可以了。

3. 曲面立体正等轴测图的画法

平行于坐标平面的圆的正等轴测投影图是一个椭圆。作图时，最常用的方法是四心圆弧法。首先作出水平圆的外切正方形的正等轴测图，然后将圆分解成四段圆弧后在轴测投影体系中依次画出，而得到一个近似的椭圆。现以水平圆的正等轴测图为例，介绍其作图过程及方法。

（1）在圆的水平投影中建立直角坐标系，并作圆的外切正方形，得到 4 个切点 a、b、c、d，如图 4-1-8（a）所示。

（2）画轴测轴，作出圆的外切正方形的轴测投影图，即一个菱形，如图 4-1-8（b）所示。

（3）以 O_2 为圆心，O_2a_1 为半径作圆弧 a_1b_1；以 O_3 为圆心，O_3c_1 为半径作圆弧 c_1d_1，如图 4-1-8（c）所示。

（4）连接菱形的对角线，与 O_2a_1 交于点 O_4，与 O_3c_1 交于点 O_5，分别以 O_4、O_5 为圆心，以 O_4a_1、O_5c_1 为半径作圆弧。由 4 段圆弧组成的近似椭圆即为圆的正等轴测投影图，如图 4-1-8（d）所示。

按照同样的方法，可以作出正平圆及侧平圆的正等轴测投影图，3 个坐标平面上相同直径圆的正等轴测图如图 4-1-9 所示。

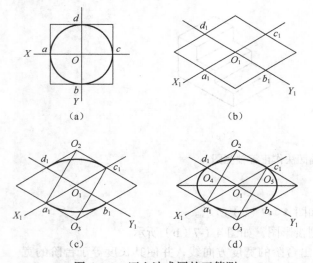

图 4-1-8　四心法求圆的正等测

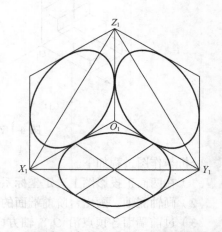

图 4-1-9　平行于各坐标平面的圆的正等轴测图

应用案例

4. 如图 4-1-10（a）所示，已知圆台的两面正投影图，画出其正等轴测图。

分析与作图过程如下。

（1）在两面正投影图上选定坐标系，如图 4-1-10（a）所示。

（2）画轴测轴，用四心圆弧法画出上下底面的投影——椭圆，如图 4-1-10（b）所示。

（3）作出上下底面投影的公切线，如图 4-1-10（c）所示。

（4）擦去多余图线，加深可见轮廓，完成图样，如图 4-1-10（d）所示。

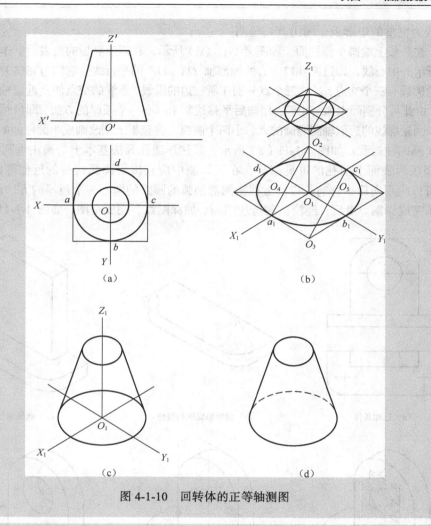

图 4-1-10　回转体的正等轴测图

95

应用案例

5. 如图 4-1-11（a）所示，已知组合体的正立面图和平面图，画出这个组合体的正等测。分析与作图过程如下。

先读懂图 4-1-11（a）的两视图，从图中可以看出：这个组合体由底板和竖板叠加而成。底板的左前角和右前角都是 1/4 圆柱面形成的圆角，竖板具有圆柱通孔和半圆柱面的上端。组合体左右对称，竖板和底板的后壁位于同一个正平面上。

作图步骤如下。

（1）画矩形底板，按图 4-1-11（a）平面图中所添加的双点画线，假定它是完整的矩形板，画出它的正等测，如图 4-1-11（b）所示。

（2）画底板上的圆角。仍如图 4-1-11（b）所示，从底板顶面的左右两角点，沿顶面的两边量取圆角半径，得切点。分别由切点作出它所在的边的垂线，交得圆心。由圆心和切点作圆弧。沿 OZ 轴向下平移圆心一个板厚，便可画出底板底面上可见的圆弧轮廓线。沿 OZ 轴方向作出右前圆角在顶面和底面上的圆弧轮廓线的公切线，即得带圆角底板的正等测。

（3）画矩形竖板。如图 4-1-11（c）所示，按平面图、立面图以及图中所添加的双点画线，假定竖板为完整的矩形板，画出其正等测。

（4）在竖板上端画半圆柱面。如图 4-1-11（d）所示，在矩形竖板的前表面上作出图 4-1-11（a）中所示的中心线，即过圆孔口中心的轴测轴 OX、OZ 的平行线，它们与完整的矩形竖板前表面的轮廓线有三个交点，过这三个点分别作所在边的垂线，垂线的交点便是近似轴测椭圆圆弧的圆心。由此可分别画大弧与小弧。用向后平移这两个圆心一个板厚的方法，即可画出竖板后表面上的半圆轮廓线的近似轴测椭圆的大、小两个圆弧，将竖板上端改画成半圆柱面的正等测。

（5）画圆柱通孔。如图 4-1-11（e）所示，圆柱形通孔画法基本上与画正垂圆柱相同，但要注意竖板后表面上圆孔的可见部分，在正等测中应画出用圆弧代替的近似椭圆弧的粗实线，也可以应用向后平移前孔口的近似轴测椭圆弧的圆弧的圆心一个板厚的方法而求得。

（6）完成作图。最后，经校核和清理图面，加深图线，完成全图，如图 4-1-11（f）所示。

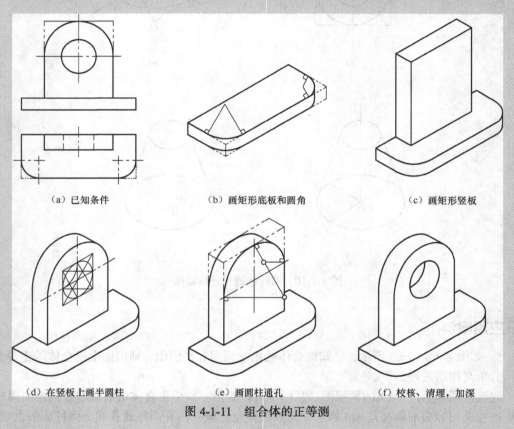

（a）已知条件　　　　　（b）画矩形底板和圆角　　　　　（c）画矩形竖板

（d）在竖板上画半圆柱　　　　　（e）画圆柱通孔　　　　　（f）校核、清理，加深

图 4-1-11　组合体的正等测

☼小提示

　　回转体的正等测相对比较麻烦，因为圆的正等测需要用四心法，对于相互平行、大小相等的两圆可以直接对四心平移，不需再求。这样能减少做题步骤。移心时注意两圆的相对距离和作图的精确性。并且作四段圆弧用到的半径也不变。

▣知识拷问

　　1. 分析下列形体，建立参考坐标系，绘制该形体的正等轴测图，并指出哪些线可以直接根据轴向伸缩系数来确定。

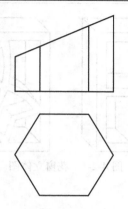

2. 判断题。

（1）形体上平行于直角坐标轴的直线，其轴测投影长与实长之比等于相应的轴向伸缩系数。（　　）

（2）凡平行于坐标轴的直线，在轴测图中平行于相应的轴测轴。（　　）

（3）轴向伸缩系数可以是大于 1 的数。（　　）

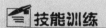 **课堂讨论**

　　讨论轴测图的作用和形成过程，并总结正等轴测图的特点，轴间角的大小对绘制轴测图的影响。讨论回转体的正等测的作图的难点，总结正等轴测图作图的关键。

技能训练

　　根据所给形体的两面投影，绘制出图形的正等轴测图。

97

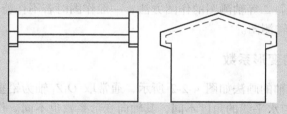

自我测试

1. 轴测图是怎么形成的？

2. 轴测轴、轴间角、轴向伸缩系数分别是什么意义？

3. 轴测图是怎么分类的？都有哪些类型？

4. 轴测图具有什么性质？

5. 绘制正等测图的主要方法有哪些？

任务 2　斜二等轴测图的绘制

 工作任务

　　认真观看图 4-2-1，下面两图为花窗的立体图，仔细分析看这种立体效果图和正等轴测图有什么不同？应怎样进行绘制？它相比于正等轴测图绘制起来是否更简单哪？

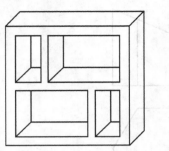

图 4-2-1 花窗立体图

 知识链接4.2

一、斜二测投影图的绘制

投影方向 S 倾斜于轴测投影面 P 所形成的轴测图称为斜轴测图。即使某一坐标轴与轴测投影面垂直，该轴在 P 面上的投影也不会积聚为一点，因此在轴测投影面上的投影能够反映出形体长、宽、高三度空间立体形状的投影。因此，为了作图方便，常使空间立体上任两条坐标轴平行于轴测投影面，由投影的平行性可知，此时两个坐标轴的轴向变形系数相等，所得到的轴测投影图称为斜二等轴测图，简称斜二测。

由于正面斜二轴测图中，形体的正面投影反映实形，所以对于正面形状较为复杂的圆弧、曲线等造型，常以斜二测作为其辅助工程图样。而水平斜二轴测图主要用于小区或建筑物的鸟瞰图。

本书主要介绍正面斜二等轴测图的作图方法，一般作图时若不作特殊说明的，所作斜二轴测图均为其正面斜二等轴测图。

1. 轴间角与轴向变形系数

斜二等轴测图轴测轴的画法如图 4-2-2 所示，通常取 O_1Z_1 轴为铅垂方向，O_1X_1 轴与 O_1Z_1 轴垂直。随着 O_1Y_1 轴与水平线的角度不同，其轴向变形系数也不同。作图时，常令 O_1Y_1 轴与水平线的角度为 45°（或 30°、60°）。为简化作图，一般取 $q=0.5$，即此时 3 个轴的轴向变形系数为 $p=r=1$，$q=0.5$。而轴间角 $\angle X_1O_1Z_1=90°$，$\angle X_1O_1Y_1=135°$（或 120°、150°）。

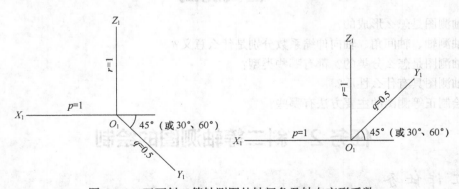

图 4-2-2 正面斜二等轴测图的轴间角及轴向变形系数

2. 斜二等轴测投影图的画法

📖 **应用案例**

1. 如图 4-2-3（a）所示，已知台阶的两面正投影图，画出其斜二等轴测图。

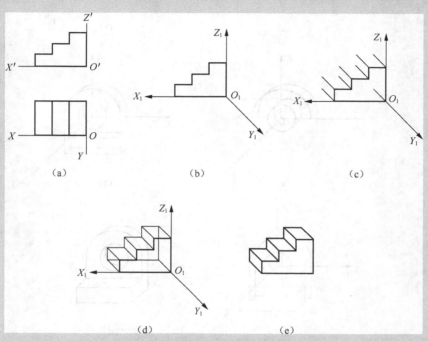

图 4-2-3　端面法作斜二等轴测图

分析与作图过程如下。

通过台阶的形体分析可以看出，台阶的正面投影较能体现形体的形状特征，根据题意，作出台阶的正面轴测投影图后，引出其宽度方向线，连接后端面各点，即得到其斜二等轴测图。

作图步骤如下。

（1）在两面正投影图上选定坐标系，如图 4-2-3（a）所示。

（2）画轴测轴，然后在 $X_1O_1Z_1$ 面上画出与两面投影图中正面投影形状完全一样的图形，如图 4-2-3（b）所示。

（3）过前端面各顶点沿 O_1Y_1 轴方向引出台阶的宽度方向线，并取 $q=0.5$，截取台阶宽度的一半，如图 4-2-3（c）所示。

（4）连接宽度线各顶点，得后端面的轴测投影，同时得到台阶的轴测图，如图 4-2-3（d）所示。

（5）擦去多余图线，加深可见轮廓，完成图样，如图 4-2-3（e）所示。

📖 **应用案例**

2. 如图 4-2-4 所示，已知某形体的两面正投影图，画出其斜二等轴测图。

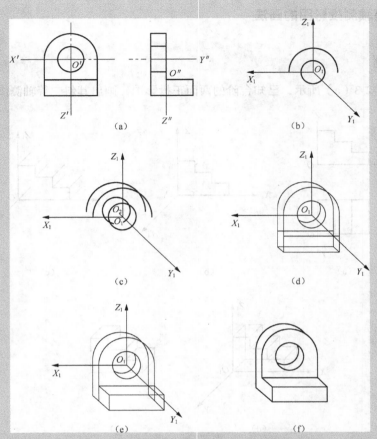

图 4-2-4　常带有回转体的斜二测画法

分析与作图过程如下。

首先想象空间形体。由形体的两面投影图可以看出，形体是由棱柱与圆柱体组合而成的，其中圆柱体中心开有圆形通孔。作图时，由于形体的正面有两个圆形，为简化作图，选择作其正面斜二轴测投影图。先画出圆柱体及圆孔的轴测图，然后再顺次画出棱柱的轴测图即可。

作图步骤如下。

（1）在投影图上选定坐标系，如图 4-2-4（a）所示。

（2）画轴测轴，作出圆柱及圆孔前端面的轴测图，如图 4-2-4（b）所示。

（3）过圆心 O_1 沿 O_1Y_1 轴方向引出圆柱体的宽度方向线，并取 $q=0.5$，截取其宽度尺寸的一半，得到圆柱体后端面的圆心 O_2，以 O_2 为圆心作圆，得到圆柱及孔的后端面轮廓，如图 4-2-4（c）所示。

（4）根据形体特点，作出下方棱柱体的轴测图，如图 4-2-4（d）与图 4-2-4（e）所示。

（5）擦去多余图线，加深可见轮廓，完成图样，如图 4-2-4（f）所示。

☆小提示

正面斜二测可以保持正面不变，所以一般情况下，绘制斜二测可以从形体最前面开始。当形体含有正平圆的回转体时，采用斜二测相对简单；但如果不是这种情况，圆为水平和侧平时，应按照轴向伸缩系数求一系列点，然后连接。

二、水平斜轴测的绘制

当空间形体的底面平行于水平面，而且以该水平面作为轴测投影面，所得到的斜轴测投影图称为水平斜轴测投影图。图 4-2-5（a）为水平斜轴测投影图的形成。它的特点如下。

1. 空间形体的坐标轴 OX 和 OY 平行于水平的轴测投影面，所以 OX 和 OY 或平行 OX 及 OY 方向的线段的轴测投影长度不变，及变形系数 $p=q=1$，其轴间角为 $90°$。

2. 坐标轴 OZ 与轴测投影面垂直，由于投射线方向 S 是倾斜的，轴测轴 O_1Z_1 则是一条倾斜线，如图 4-2-5（b）所示，但是习惯上仍将 O_1Z_1 画成铅垂线，而将 O_1X_1 和 O_1Y_1 相应偏转一个角度。变形系数 r 应该小于 1，但为了简化作图，通常仍取 $r=1$，如图 4-2-5（c）所示。

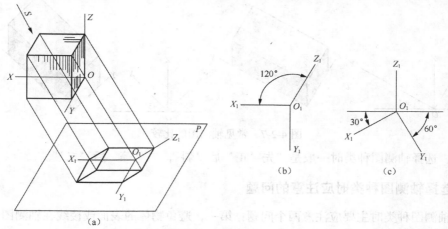

图 4-2-5 水平斜轴测的形成

这种水平轴测图，常用于绘制建筑小区的总体规划图，作图时只需将小区总平面图转动一个角度（例如 $30°$），然后在各建筑物平面图的转角处画垂线，再量取各建筑物的高度，即可画出其水平斜轴测图，如图 4-2-6 所示。

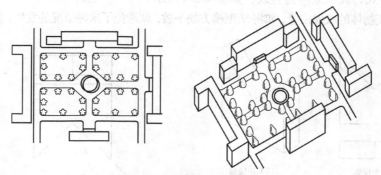

图 4-2-6 小区规划鸟瞰图的绘制

三、轴测图的选择

1. 各种轴测图的比较

将正等测、正二等测和斜二等测的表现效果和作图过程稍加比较，不难发现：

（1）正二等轴测图的直观性最好，但作图较繁琐；

（2）斜二等轴测图中平行于某一坐标面的图形反映实形，因此尤其适用于画在某一方向上形状比较复杂的物体；

（3）正等轴测图的直观性逊于正二等和斜二等轴测图，但作图方便，特别适用于表达几个方向上都有圆的物体，如图 4-2-7 所示。

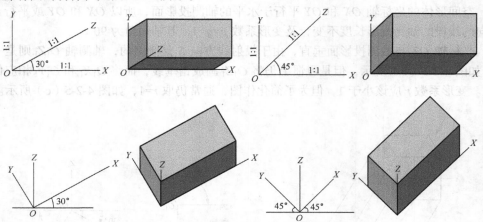

图 4-2-7　常见轴测图的比较

因此，选择轴测图种类时一般是"先'正'后'斜'，先'等'后'二'"。

2. 选择轴测图种类时应注意的问题

选择轴测图种类时主要应注意两个问题：第一，避免物体的表面或棱线在轴测图中积聚成直线或点；第二，避免物体的表面被遮挡以影响表现效果。

下面仅就前者进行分析论述。

当平面或直线与投射方向平行时，它们会积聚成直线或点。为避免这种情况的出现，必须对各种轴测图的投射方向进行剖析。如果轴测图的投射角为 45°，显然物体上 45° 的斜面，用这种轴测投影方式，其结果均为直线，如图 4-2-8 所示。

此时，若改变物体的放置位置，如将 V 型槽方块平放，就避免了这种情况的发生，如图 4-2-9 所示。

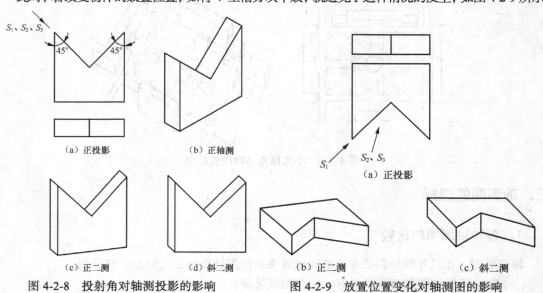

图 4-2-8　投射角对轴测投影的影响　　　图 4-2-9　放置位置变化对轴测图的影响

图中 S_1、S_2、S_3 分别为正等测、正二等测、斜二等测的投射角。S_1 仍平行于斜面，采用正等轴测不能使其得到改善，而采用正二等测、斜二等测则可获得较佳效果。

3. 轴测图投射方向的选择

可以通过选择不同的投射方向来突出表现物体的某一表面或某一部分。常用的轴测图的投射方向有四种，如图 4-2-10 所示。

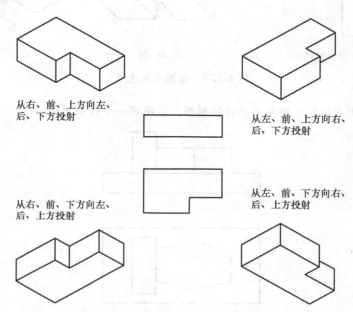

从右、前、上方向左、后、下方投射

从左、前、上方向右、后、下方投射

从右、前、下方向左、后、上方投射

从左、前、下方向右、后、上方投射

图 4-2-10　投射方向对轴测图的影响

（1）从右、前、上方向左、后、下方投射：以突出表现物体的右、前、上方位的形状。

（2）从左、前、上方向右、后、下方投射：以突出表现物体的左、前、上方位的形状。

（3）从右、前、下方向左、后、上方投射：以突出表现物体的右、前、下方位的形状。

（4）从左、前、下方向右、后、上方投射：以突出表现物体的左、前、下方位的形状。

应用案例

3. 滑块底部带有梯形槽，应突出表达底部形状。请你选择轴测图，如图 4-2-11 所示。

经分析：投射方向可选择为从左、前、下方向右、后、上方投射；轴测图种类选择正等测或斜二测均可。作图过程从略。

知识拷问

1. 判断下列说法是否正确。

（1）正轴测为水平正投影的，而斜二测为中心斜投影。（　　）

（2）正等轴测图的直观性、立体感一定比别的轴测图强，所以选择时优先选择正等轴测图。（　　）

（3）正面斜二测正面保持不变，所以当立体中含有水平圆时，可以直接画实型。（　　）

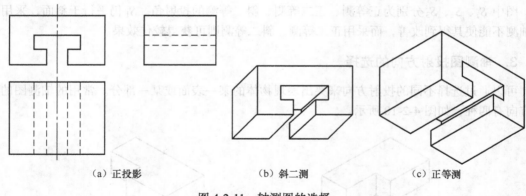

（a）正投影 （b）斜二测 （c）正等测

图 4-2-11 轴测图的选择

2. 绘制下面图形的斜二测和水平斜轴测图。说明哪一个效果更好。

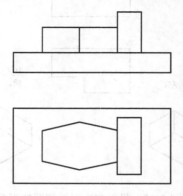

104

课堂讨论

讨论斜二测和正等轴测图的区别，总结一下，轴测图的选择要考虑哪些方面？交流在绘制轴测图时的心得体会。

技能训练

根据所给的立体的两面投影来选择两种投射方向，绘制斜二等轴测图，比较以下投射方向对轴测图的影响。

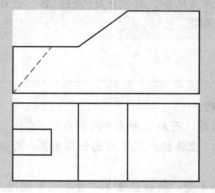

自我测试

1. 斜二测投影的基本参数是什么（轴间角，轴向伸缩系数）？
2. 水平斜轴测的绘制方法是什么？
3. 总结说明，轴测投影图选择时要考虑哪些因素？

综合任务　根据三视图绘制建筑形体的立体效果图

一、绘图目的

掌握正等测及斜二测的基本画法。

二、绘图内容

根据图形，选择合适的轴测图，绘制休息亭的立体效果图。

三、要求

选用 A4 图幅绘图纸，用 HB 铅笔绘制底稿，2B 铅笔加深。

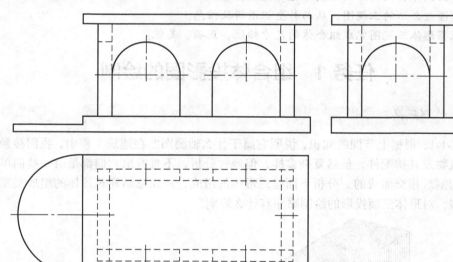

项目 5

组合体投影图的分析

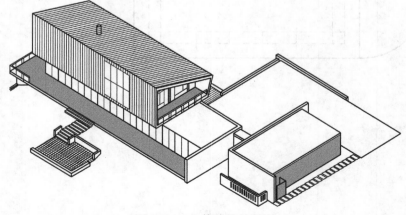

知识目标

- 了解组合体形体的类型。
- 掌握组合体投影图绘制的方法和步骤。
- 掌握组合体投影图识读的方法。
- 掌握形体标注的方法和注意事项。

能力目标

- 能根据立体轴测图正确绘制形体三视图。
- 能读懂组合体的三视图，从而补全识图所缺信息。
- 能根据形体三视图完成组合体的尺寸标注，正确、美观。

任务 1 组合体投影图的绘制

工作任务

看图 5-1-1，根据上节课的知识，说明它属于什么轴测图？在建筑工程中，我们接触的各种形状的建筑物及其构配件，虽然复杂多样，但经过分析，不难看出它们都是由一些简单的几何体叠加、切割或相交而成的。分析下面建筑形体的组成，从而总结建筑形体的组成类型。不同的形体类型，对形体三面投影的绘制顺序有什么影响？

图 5-1-1 立体建筑效果图

一、组合体的组合形式

形体由两个或两个以上的基本形体组合而成时，称为组合体。常见的组合体的组成形式一般有以下 3 种。

（1）叠加式组合体：由若干个基本形体经过叠加而形成的组合体，如图 5-1-2（a）所示。

（2）切割式组合体：由一个基本体经过若干次切割而形成的组合体，如图 5-1-2（b）所示。

（3）混合式组合体：当组合体由以上两种形体组合而成，即形体中既有叠加又有切割时，就形成了混合式组合体，如图 5-1-2（c）所示。

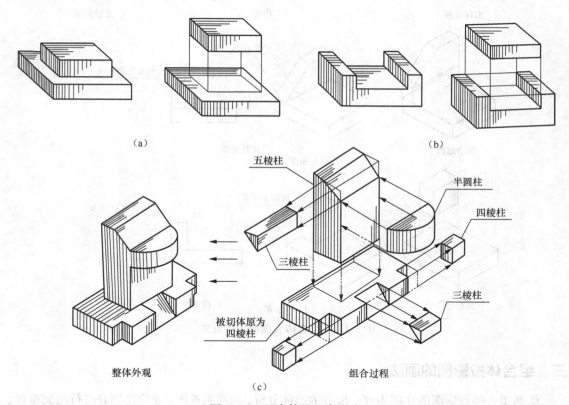

图 5-1-2　组合体的组合形式

二、组合体表面连接方式

组合体的组合方式都是人们假想的，在作形体投影图时，都要归结到一个完整的形体来考虑，而不能将其分开。人们主观地将组合体分析成相应的组合方式，有一些连接关系应予注意。所谓连接关系，就是指基本体组合成组合体时，各基本形体表面间真实的相互关系，如两表面相互平齐、相切、相交和不平齐，如图 5-1-3 所示。

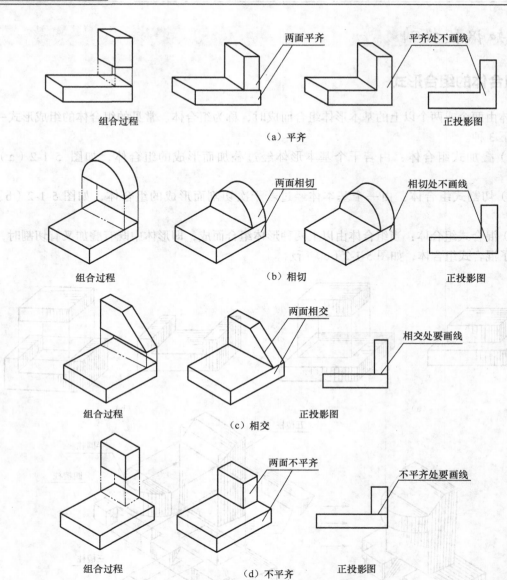

（a）平齐

（b）相切

（c）相交

（d）不平齐

图 5-1-3　组合体表面的连接方式

三、组合体投影图的画法

绘制组合体投影图的作图步骤一般分为形体分析、选择主视图、确定比例并进行图面布置、画投影图和标尺寸等五步。

1. 形体分析

一个组合体可以看做由若干基本形体所组成。对组合体中基本形体的组合方式、表面连接关系及相互位置等进行分析，划清各部分的形状特征，这种分析过程称为形体分析。从形体分析进一步认识组合体的组成特点，从而总结出组合体的投影规律，为画组合体的三视图做好充分的准备。图 5-1-4 所示的房屋立体图可以分解为一个水平放置的长五棱柱Ⅰ和一个与之垂直相交的短五棱柱Ⅱ，及Ⅰ上方的小四棱柱Ⅲ、三棱锥Ⅳ，共四个部分。

2. 选择视图

选择视图的关键是选择主视图，主视图选择的好坏直接关系到形体表达的清晰度。选择主视图时应遵循以下原则。

（1）确定形体的摆放位置。组合体应处于自然安放的位置，即组合体保持稳定状态。

（2）确定正立面视图的投影方向。正立面视图应能反映组合体的形状特征，即将最能反映组合体的各组成部分及其相对位置的投影方向作为正立面视图的投射方向，如图 5-1-5 所示。

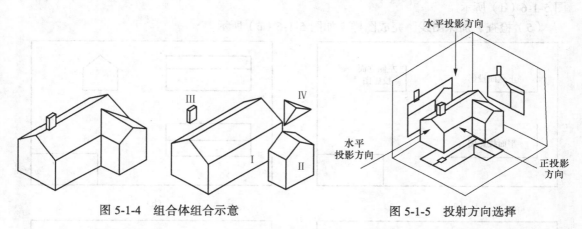

图 5-1-4　组合体组合示意　　　　图 5-1-5　投射方向选择

（3）在三视图中尽量减少虚线。即在选择组合体的安放位置和投射方向时，应使各视图中形体的不可见部分最少。

3. 画投影图

画投影图的步骤如下。

（1）选择适当的比例，确定图纸的幅面。

（2）布图。画基准线（对称中心线和确定主表面的基线），确定各投影图在图纸上的位置，使其在图纸上排列均匀，同时要确保尺寸标注及图名标注的足够空间。

（3）打底稿。先画出各投影图中的主要中心线和定位线的位置；然后按形体分析分解出各个基本形体并确定它们之间的相对位置关系，用细线顺次画出它们的投影图。画底稿的顺序：先画主要形体，后画次要形体；先画外形轮廓，后画内部细节；先画可见部分，后画不可见部分。

（4）描深图线。检查底稿，确认无误后，按标准的线型加深，完成组合体的三面投影图。

📖应用案例

1. 如图 5-1-4 所示，作出组合体的投影图。

分析与作图过程如下。

该形体可以看成由 3 个基本形体组成。形体 I、II 为平放的垂直相交的两个五棱柱，形体 III 为四棱柱。

作图步骤如下。

（1）选择正立面投影图。选择能较好反映形体特点的方向为正立面投影方向，如图 5-1-4 所示。

（2）确定比例和图幅。建筑形体一般采用缩小比例，本图采用 1:1 的比例作图。

（3）画投影图。首先布置图面，正立面投影图绘制在图纸的左上方，平面图与左侧立面图按标准配置，如图 5-1-6（a）所示。

（4）画底稿线。依画图顺序，先画形体Ⅰ的三面投影，再画形体Ⅱ的三面投影，最后作出形体Ⅲ的三面投影；画图时注意形体间的相对位置关系，如图 5-1-6（b）、图 5-1-6（c）、图 5-1-6（d）所示。

（5）检查、加深图线，完成图样，如图 5-1-6（e）所示。

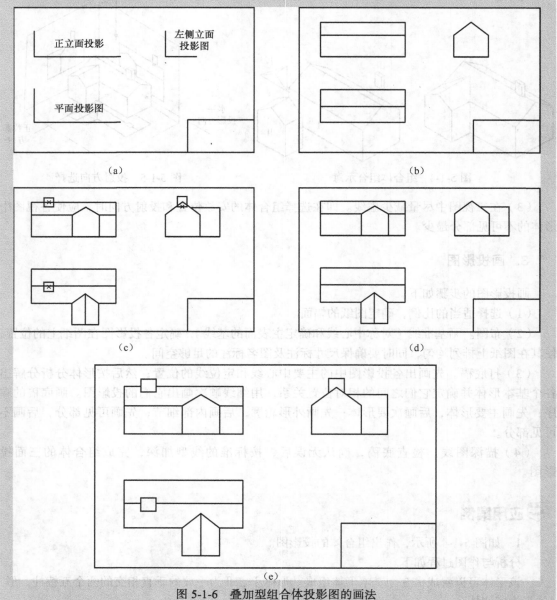

图 5-1-6　叠加型组合体投影图的画法

110

📖**应用案例**

2. 如图 5-1-7 所示，画出下面组合体的三视图。

形体分析：该切割式组合体是长方体先切掉第一部分四棱柱，如图 5-1-7（a）所示；再挖掉第二部分斜切四棱柱，如图 5-1-7（b）所示，而得到的。

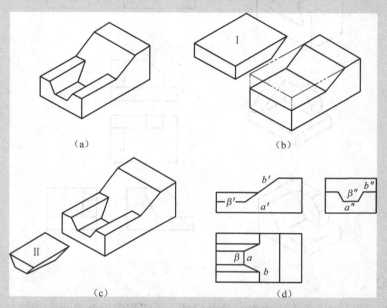

图 5-1-7 切割型组合体投影图的画法

（1）选择主视图。

除考虑主视图较多地反映组合体各部分的形体特征外，还应考虑将形体的长的方向与 OX 轴平行，这样既与形体本身的长、宽、高一致，又方便布图。

（2）确定比例和图幅。

本图要求采用 1:1 比例。

（3）画投影图。

切割型组合体宜采用一个投影一个投影的方式完成，先绘制出正立面图，再画出水平面图，最后画出侧立面图。

（4）检查、加深图线、完成全图。对于切割型形体，应注意的是在投影图中实线与虚线的确定。

☼**小提示**

1. 叠加型组合体适合三面投影一起画，先画出第一个形体的三视图，然后在第一个形体三视图的基础上绘制第二个形体的三视图。应注意的是，第二个形体的识图会对第一个形体的识图造成一些影响（可能线会变虚或去掉某线等）。

2. 切割型组合体要分析原始形体和切割顺序，然后根据切割顺序和切割掉的形体在原始形体的三视图上做相应改变。

111

知识拷问

根据轴测图和两视图绘制第三视图。

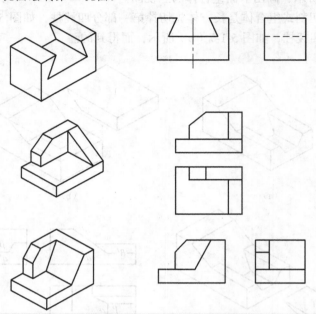

112

课堂讨论

讨论在组合体绘制过程中应注意的关键问题，说明切割型和叠加型形体绘制中最大的不同，前面学的线、面知识在形体和线面分析中的作用。

技能训练

根据所给形体的轴测图，按照 1:1 的比例绘制形体的三面正投影。

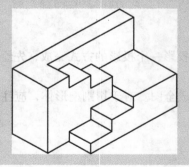

自我测试

1. 组合体的组合方式有几种？都是什么？
2. 组合体投影图的绘制步骤有哪些？
3. 投射方向选择的时候应该考虑哪些问题？

任务 2 组合体投影图的尺寸标注

 工作任务

组合体必须有了完整的尺寸，才能进行施工制作，因此技术和施工人员要能读懂尺寸的意义，还应该能正确地标注组合体尺寸。因为尺寸数字比较多，所以怎样使尺寸排列美观，不影响整张图纸的识读，怎样才能完整地标注组合体尺寸，不遗漏，是标注关键。阅读下面的尺寸标注，判断尺寸的类型，如图 5-2-1 所示。

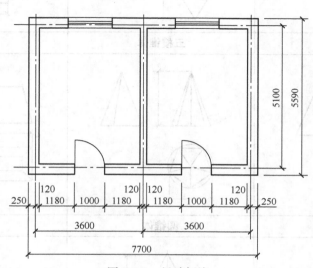

图 5-2-1 尺寸标注

 知识链接5.2

一、标注尺寸的要求

组合体的三面投影不仅是表达它的形状，而且还标注形体的大小尺寸。组合体投影图也只有标注了尺寸，才能明确它的大小，在实际工作中才能用于施工生产和制作。

（1）正确。即所注尺寸必须符合国家标准中的规定，不能出现尺寸数字错误的现象。

（2）完整。即所注尺寸必须把物体各部分的大小及相对位置完全确定下来，不能多余，但也不能遗漏。

（3）清晰。是指尺寸布局要清晰恰当，既要方便于看图，又要使图面清楚。

（4）美观。排列整齐、美观，符合制图规范。

二、基本体的尺寸标注

熟悉常见基本体的尺寸标注是标注好组合体尺寸的基础。基本形体一般要标注出长、宽、高三个方向的尺寸，以确定基本形体的尺寸大小。尺寸一般标注在反应实形的投影上，尽可能集中标注在一两个投影的下方和右方，必要时才标注在上方和左方。一个尺寸只需要标注一次，尽量避免重复，如表 5-2-1 所示。

113

表 5-2-1 基本体的尺寸标注

四棱柱	三棱柱	四棱柱体
三棱锥体	五棱锥体	四棱台
圆柱体	圆锥体	圆台体

三、组合体的尺寸组成

组合体尺寸由三部分组成：定形尺寸、定位尺寸和总体尺寸。

1. 定形尺寸

用于确定组合体中各基本体自身大小的尺寸为定形尺寸。它通常有长、宽、高三项尺寸来反映，如图 5-2-2 所示。该组合体投影图中底板长 50，宽 50，高 8；井身长 40，宽 40，高 65；圆管直径 30，长 20；这些都是定形尺寸。

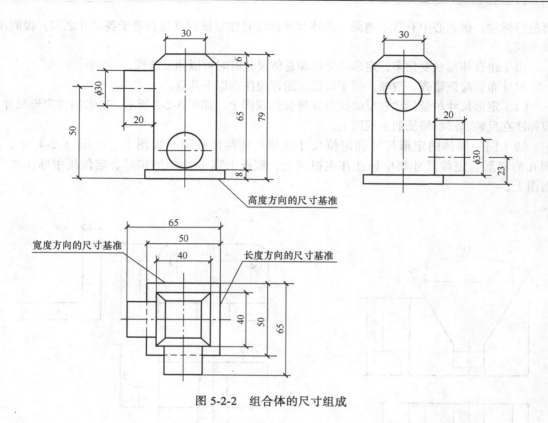

图 5-2-2　组合体的尺寸组成

115

2.　定位尺寸

用于确定组合体中各基本体之间相互位置的尺寸为定位尺寸。定位尺寸在标注之前需要确定定位基准。所谓定位基准，就是某一方向定位尺寸的起止位置。如图 5-2-2 投影图中 23、50 即为圆管的中心线到底板的定位尺寸。

对于包含由平面体的组合体，通常选择形体上某一个明显的位置的平面或形体的中心线作为基准位置。通常选择形体的左（或右）侧面作为长度方向的基准；选择前（或后）侧面作为宽度方向基准；选择上（或下）底面作为高度方向基准。对于土建类工程形体，一般选择底面作为高度方向的定位基准，若形体是对称图形，可选择对称中心线作为标注长度和宽度尺寸的基准。

对于有回转轴的曲面体的定位尺寸，通常选择其回转轴线作为定位基准，不能以转向轮廓线作为定位的依据。

3.　总体尺寸

总体尺寸即是确定组合体总长、总宽、总高的外包尺寸。如图 5-2-2 投影图中总长为 65、总宽为 65、总高为 79，即为总体尺寸。

四、组合体的尺寸标注

组合体尺寸标注前也需进行形体分析，弄清反映在投影图上有哪些基本体，然后注意这些基本形体的尺寸标注要求，做到简单合理。各基本形体之间的定位尺寸一定要先选好定位基准，再进行标注，做到心中有数不遗漏。总体尺寸标注时注意核对其是否等于各尺寸之和，做到准确无误。

由于组合体形状变化多，定形、定位和总体尺寸有时可以相互兼代。

尺寸布置应该整齐、清晰，便于阅读。通常应注意以下几点。

（1）定形尺寸尽量标注在反映该形体特征的视图上。如图 5-2-3 所示，V 形槽的定形尺寸，应标注在反映其形状特征的主视图上。

（2）同一形体的定形尺寸和定位尺寸应尽可能标注在同一视图上。在图 5-2-4 中，4 圆孔的定形、定位尺寸集中标注在主视图上，底板上宽 8 小槽的定形、定位集中标注在平面图上。

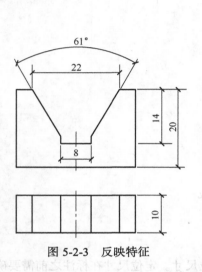

图 5-2-3　反映特征

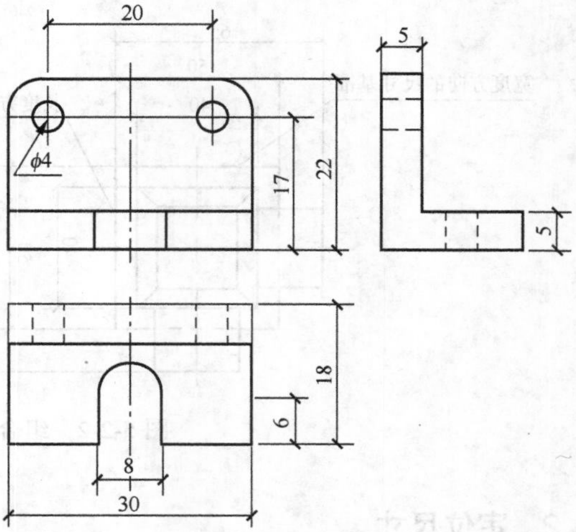

图 5-2-4　集中标注

（3）尺寸排列要清晰。平行的尺寸应按"大尺寸在外，小尺寸在内"的原则排列，避免尺寸线与尺寸界线交叉。

（4）内形尺寸和外形尺寸一般应分别标注在视图的两侧，避免混合标注在视图的同一侧。图 5-2-5（a）标注较好，图 5-2-5（b）标注不好。

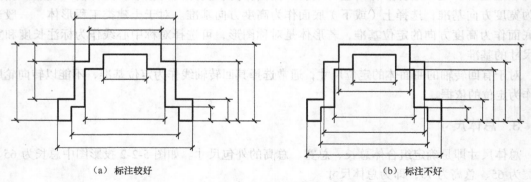

（a）标注较好　　　　　　　　　　　　　　（b）标注不好

图 5-2-5　大尺寸在外

（5）水平方向的尺寸标注应在尺寸线的上方，从左至右注写；垂直方向的尺寸标注应在尺寸线的左侧，从下往上注写。

（6）当标注被截切的立体和相贯体的尺寸时，应标注基本体的定形尺寸，并标注确定截平面位置的定位尺寸，而不标注截交线的尺寸。标注相贯体尺寸时，只注各个参与相贯的几何体的定形尺寸以及确定参与相贯的几何体之间的定位尺寸，不注相贯线的尺寸，如图 5-2-6 所示。

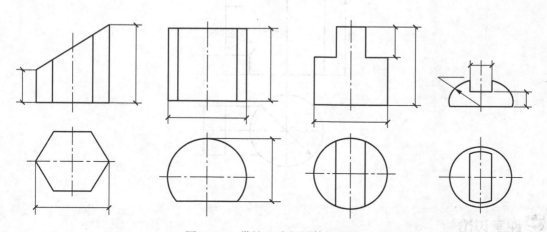

图 5-2-6　带缺口或相贯体的标注

☼**小提示**

　　尺寸标注是需要经验积累的，在尺寸正确、完整的情况下，一般只有好与不好，而没有对与错，要想标注得美观、清晰还需多练习、总结才好。一般情况下，尺寸标注不宜标注在虚线处。

117

📑**知识拷问**

1.　判断的下面各图尺寸标注哪个更好？为什么？错在哪里？

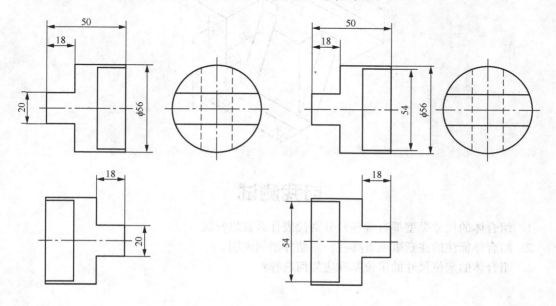

2. 判断下图中尺寸标注是否正确？错在哪里？如何改正？

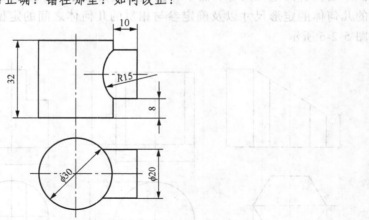

📖课堂讨论

讨论尺寸标注应该注意哪些问题？根据知识拷问完成的情况，交流组合体标注最容易出现的错误和标注心得。

📑技能训练

根据所给的形体的立体效果图，选择合适的投射方向，绘制三视图，并且标注尺寸。

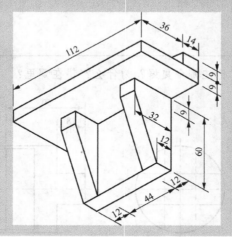

自我测试

1. 组合体的尺寸类型都有哪些？分别代表什么意思？
2. 组合体标注的注意事项有哪些？总结并举例说明。
3. 组合体的定位尺寸的定位基准应如何选择？

任务 3　组合体投影图的识读

 工作任务

图纸一般只给出正投影，所以需要根据所给视图，想象出形体的立体形状，并且能够找出图纸存在的问题，防止在施工或制作时出现不可挽回的错误，因此需要读懂视图。观看水平视图和左视图，画出形体的主视图，如图 5-3-1 所示。

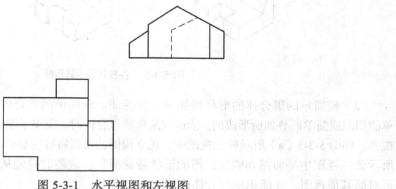

图 5-3-1　水平视图和左视图

 知识链接5.3

根据组合体的投影图想象出它的空间形状，这一过程称为读图。要提高读图能力，必须多看多画，反复练习，逐步建立空间想象力。读图是从平面图形到空间形体的想象过程，也是工程技术人员必备的知识。

一、读组合体视图的方法及注意事项

阅读组合体视图，是今后阅读专业图的重要基础。读图的基本方法有两种：形体分析法和线面分析法。读图时，以形体分析法为主；当图形比较复杂时，也常用线面分析法来帮助读图。此外，在阅读组合体视图时，还应注意下列事项。

1. 将几个视图联系起来读图

在多面正投影中，每个视图只能表达物体长、宽、高三个方向中的两个方向，读图时，不能只看一个视图，要把各个视图按三等规律联系起来，才能读懂。如图 5-3-2（a）和图 5-3-3（b）所示，虽然它们的正立面图都相同，但平面图与左侧立面图不相同，因此，两个组合体的形状不同。又如图 5-3-2（b）和图 5-3-2（c）所示的两个组合体，虽然正立面图和平面图都相同，但左侧立面图不同，因此，两个组合体的形状也不相同。

2. 熟练掌握基本几何体的视图特征和较简单的组合体的形状特征与位置特征

（1）基本几何体的视图特征。熟练掌握基本几何体的视图特征，就能利用三等规律迅速地判断基本形体的形状及其与投影面的相对位置，这是看懂组合体的基本条件。例如：若三个视图都是矩形，可以判定这个形体为四棱柱（长方体）；若一个视图为圆，另两个视图为矩形，这个形体必是圆柱体，而且圆柱轴线必垂直于视图为圆的投影面。

119

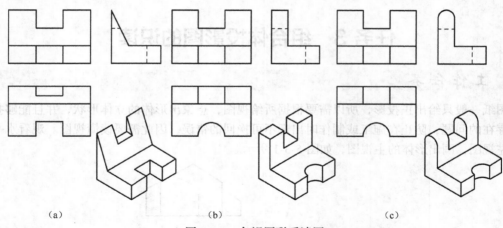

图 5-3-2　各视图联系读图

（2）较简单的组合体的形状特征与位置特征。较简单的组合体可以看作是基本几何体经简单的切割或简单的叠加所形成的。读这些简单的组合体时，应按三等规律抓住明显反映形状特征的视图，如图 5-3-3（a）所示的三视图中，正立面图的形状特征明显，图 5-3-3（b）和图 5-3-3（c）所示的三视图中平面图和侧立面图的形状特征明显。读图时要先从形状特征明显的视图看起，再对照其他视图，才能识别组合体的形状。

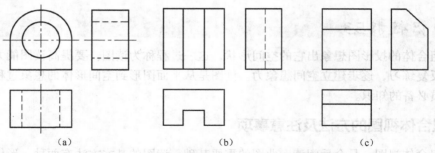

图 5-3-3　反映形状特征的组合体视图读图示例

如图 5-3-4（a）所示，如只看组合体的正立面图和平面图，不能确定其唯一形状，若加画左侧立面图，则根据正立面图和左侧立面图，就可以确定组合体的形状。如图 5-3-4（c）所示，正立面图是反映形状特征的视图，而左侧立面图是反映位置特征的视图。若用图 5-3-4（b）所示的图形代替图 5-3-4（a）中的左侧立面图，则又可确定不同形状的另一个组合体，见图 5-3-4（d）。

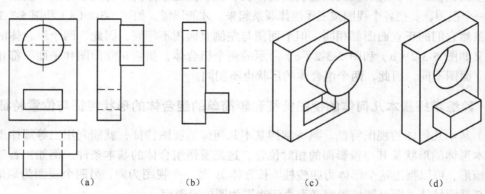

图 5-3-4　反映位置特征的组合体视图的读图示例

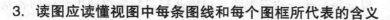

3. 读图应读懂视图中每条图线和每个图框所代表的含义

视图是由图线构成的，由图线围成的线框称为图框，读图时要正确读懂每条图线和每个图框所代表的含义，如图 5-3-5 所示。

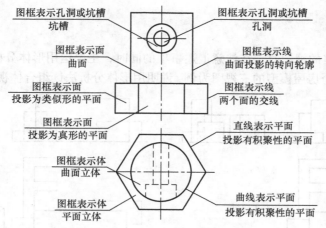

图 5-3-5　图线和图框的意义

（1）图线可能有下述几种含义：

① 表示投影有积聚性的平面或曲面；

② 表示两个面的交线；

③ 表示曲面投影的外形线。

（2）图框可能有下述几种含义：

① 表示一个投影为实形或类似形的平面；

② 表示一个曲面；

③ 表示一个平面立体或曲面立体；

④ 表示某一形体上的一个孔洞或坑槽。

☆小提示

　　同一图线和图框也可能同时包含几种不同的含义。例如图 5-3-5 的平面图中的一个圆周：作为图线，可以表示圆柱体的顶面与圆柱面的交线，也可以表示投影有积聚性的圆柱面；作为线框，可以表示圆柱体的投影为实形的顶面平面，也可以表示一个圆柱体。

二、读图的基本方法

组合体的识图方法主要有两种：形体分析法与线面分析法。

1. 形体分析法

形体分析法根据三视图的投影规律，在投影图上分析组合体各组成部分的形状和相对位置，然后综合想象出组合体的形状。用形体分析法读图的步骤如下。

（1）分线框，对投影。先读正面视图，再联系其他视图，按投影规律找出各个线框之间的对应关系。

（2）识形体，定位置。根据每一部分的三视图，想象并初步判断组成组合体的各基本体形状。

（3）综合起来想整体。每个组成部分的形状和空间位置确定后，再确定它们之间的组合形式及相对位置，从而确定组合体的形状。

应用案例

1. 阅读组合体的视图时，在注意上述事项的同时，主要运用形体分析法。现以阅读如图 5-3-6 所示的一个房屋模型的三视图为例，说明用形体分析法读组合体视图的方法和步骤。

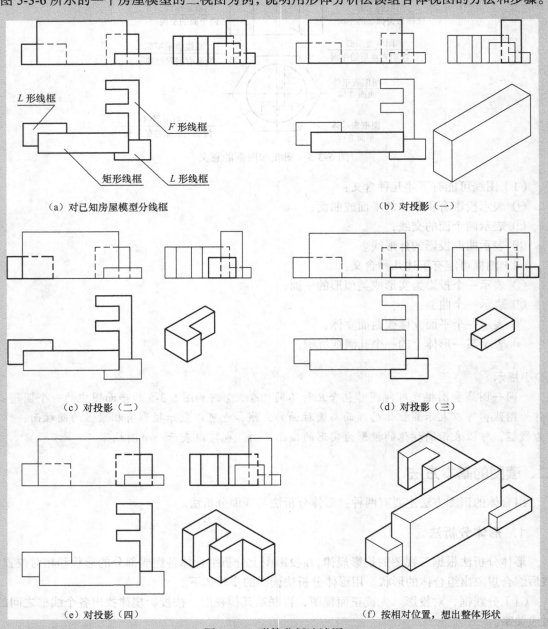

图 5-3-6　形体分析法读图

（1）分线框。

将组合体分解为若干个简单体。因为图 5-3-6（a）中的平面图反映形状特征，所以将这个房屋模型组合体的平面图划分成四个线框：一个矩形线框，一个 F 形线框和两个 L 形线框，在读图时，可将四个线框设想为四个简单体的平面图，如图 5-3-6（a）所示。

（2）对投影。

矩形线框：如图 5-3-6（b）所示，按三等规律在正立面图和左侧立面图对投影后得知，三个投影都为矩形，确认该部分为四棱柱（长方体）。当前面有房屋的其他部分遮挡时，正立面图中的图线画成虚线；又当左面有房屋的其他部分遮挡时，左侧立面图中的图线画成虚线。

左 L 形线框：平面图上的左 L 形线框为该部分的形状特征，如图 5-3-6（c）所示，通过向正立面图与左侧立面图对投影后得知其高度。由于这一部分位于四棱柱的左后方，且低于四棱柱，因此在正立面图中，右后被遮部分的图线画成虚线。通过分析，想象出该部分为 L 形棱柱体。

右 L 形线框：如图 5-3-6（d）所示，通过向正立面图和左侧立面图对投影后得知其高度最低，也是一个 L 形棱柱体，形状与左后方的 L 形棱柱相类同。由于它位于四棱柱的右前方，因此在左侧立面图中，L 形棱柱体的右后被四棱柱所遮挡部分的图线画成虚线。

F 形线框：如图 5-3-6（e）所示，用同样的方法进行对投影，得知它是一个位于四棱柱右后方、与四棱柱和右前方的 L 形棱柱都相交的 F 形棱柱体，它低于四棱柱，高于 L 形棱柱。根据前遮后、左遮右判别这个 F 形棱柱体的可见性，将这个 F 形棱柱体的不可见图线画成虚线。

（3）读懂各简单形体之间的相对位置，想象出组合体的整体形状。

在读懂了这个房屋模型由四部分组成，以及各组成部分的形状后，再按平面图显示出的左右前后相对位置，正立面图显示出的左右、高低相对位置，左侧立面图显示出的前后、高低相对位置，读懂这四部分彼此之间的相对位置，就可想象出这个房屋模型的整体形状。如图 5-3-6（f）所示，正中的四棱柱形状可以看成是房屋的主体部分；在其左后方相接一个较低的 L 形棱柱状房屋；在其右前方相接一个类似的 L 形棱柱状房屋，高度最矮；在主体房屋的右后方，则有一个比它稍低的 F 形棱柱形状的房屋，它与主体房屋和右前的 L 形棱柱状房屋相连接。由此便可想象出这个房屋模型的整体形状，读懂这个房屋模型组合体的三视图。

2．线面分析法

对于建筑工程中某些形状较为复杂的建筑物，当用形体分析的方法读图感到还有些困难时，常用线面分析法帮助读图。所谓线面分析法，就是分析建筑物上某些表面及其表面交线的空间形状和位置，从而在形体分析法的基础上，帮助想象建筑物的整体形状。利用线面分析法读图，关键在于正确读懂视图中每条图线和每个线框所代表的含义。

📚应用案例

2．用线面分析法辅助阅读图 5-3-7 所示的切割型组合体的三视图。

（1）初步进行形体分析。

从三视图的外轮廓线可以看出：这个组合体的左上角、左前角、左后角都有缺口，被截切。可初步判断该组合体的基本体为长方体，左上角、左前角和左后角分别为被正垂面、铅垂面所切割，所以它是一个切割型组合体，这个组合体前后对称。

（2）线面分析。

① 看图框。如图 5-3-7（b）所示，在平面图中有三个图框：图框 *a*、*b* 以及与 *a*、*b* 都重合的外轮廓线所构成的图框 *c*。

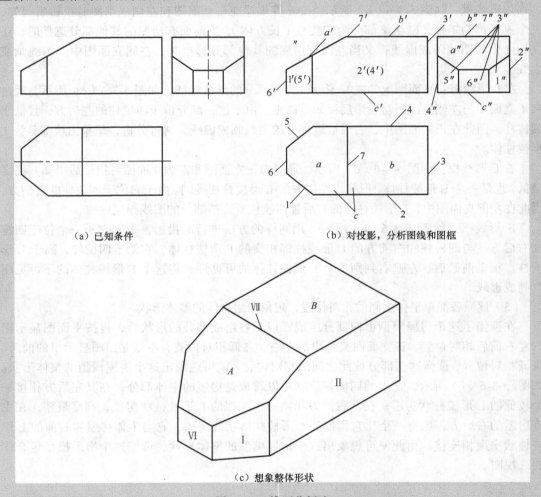

（a）已知条件   （b）对投影，分析图线和图框

（c）想象整体形状

图 5-3-7　线面分析法

首先从图框 *a* 出发，按三等规律找出它们在正立面图和侧立面图的投影。按长对正得知，正立面图为左上方的一条斜线 *a'*，按高平齐和宽相等、前后对应得知，左侧立面图为一个与平面图相类似的六边形图框 *a"*，说明图框 *A* 是一个正垂的六边形平面，就是这个组合体左边的顶面。

由图框 *b* 按三等规律找出正立面图中的投影积聚为一条水平线 *b'*，左侧立面图的投影也是一条水平线 *b"*，说明 *b* 是一个水平的矩形 *B* 的平面图，反映它的真形，*B* 就是这个组合体右边的顶面。

由图框 *c* 按三等规律找出它在正立面图中是正立面图的底边，即一条水平线 *c'*；在左侧立面图也是左侧立面图的底边，即一条水平线 *c"*。由此得知，它们是一个水平的六边形的三视图，平面图（图框 c）反映真形，也就是这个组合体的底面。

② 看图线。仍如图 5-3-7（b）所示，平面图中有 7 条图线 1、2、3、4、5、6、7，仍根据三等规律找出它们在正立面图与左侧立面图中的对应投影，从而判定它们的形状及其空间位置，配合对图框的观察与分析，从而想象出这个组合体的整体形状。例如：从图 5-3-7（b）的平面图中斜线 1，按三等规律找出正立面图中的投影为一直角梯形 1′，在左侧立面图中也为与 1′类似的直角梯形 1″，说明它们是一个铅垂的直角梯形平面的三视图。又因前后对称，对后面的斜线 5 也可作同样的对照和分析，就看出了左前角和左后角的形状是两个对称的铅垂的直角梯形平面。平面图中图线 2，是一条水平线，按三等规律找出正立面图中的投影为五边形图框 2′，在左侧立面图中的投影为一条竖直线 2″，说明平面图中的图线 2 表示正平面五边形 Ⅱ 的积聚投影，它们是这个组合体前壁的三视图，且因前后对称，故对后壁 Ⅳ 的观察与分析和前壁 Ⅱ 相同。平面图中左、右端的图线 6、3，通过按三等规律对投影可以看出，左、右端面分别都是侧平面矩形。至此，可以判断这个组合体的基本体是一个长方体，先用正垂面切割掉左上角，再用前后对称的铅垂面分别切割掉左前角和左后角，而右端未被切割。可以想出：这个组合体左端面矩形的高度和宽度都比右端面矩形小，但两个矩形都仍前后对称。由平面图中的图线 7，按三等规律找出正立面图中的投影为一点，即左顶面与右顶面的有积聚性投影的交点 7′，左侧立面图中的投影为一条水平线 7″，它们是一条正垂线 Ⅶ 的三视图，由此可见，正垂线 Ⅶ 就是正垂的左顶面与水平的右顶面的交线。

③ 综合想象组合体的整体形状。

根据初步的形体分析，可以了解组合体的类型与大致形状。再经过比较细致的线面分析，可以掌握组成组合体的若干个表面和轮廓线的空间形状及其相对位置。最后，综合想象组合体的整体形状。阅读这个组合体的三视图，经初步形体分析和比较细致的线面分析后所得的整体形状，如图 5-3-7（c）所示。

☼小提示

形体分析法和线面分析法相辅相成、密切联系，读图时，多以形体分析法为主，当某部分不易读懂时，再采用线面分析法进一步分析线、线框的投影关系。叠加型形体以形体分析为主，切割型多用线面分析法。

📠知识拷问

认真识读所给两视图，想象形体的立体形状，选出正确的第三视图，并尝试徒手绘制轴测图。

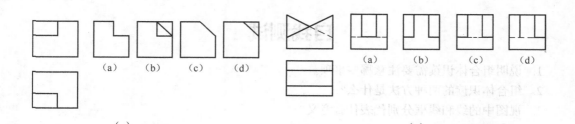

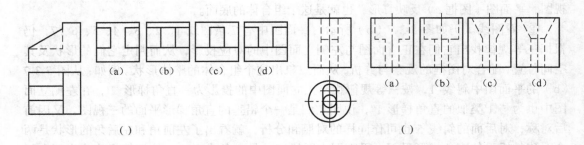

( )   ( )

课堂讨论

讨论组合体识读的方法。如何应用和读懂视图的重要性。根据课本上的应用案例进行总结归纳，找出识读的难点，并且讨论组合体识读综合了哪些知识。

技能训练

1. 根据所给两视图想象形体的立体形状，并补画出第三视图。

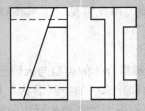

2. 根据所给不完整的三视图想象推测形体的立体形状，并且把视图补充完整。

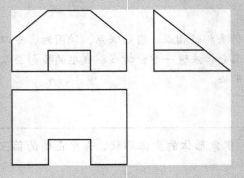

自我测试

1. 说明组合体识读需要注意哪些事项。
2. 组合体识读的两种方法是什么？
3. 视图中的线和线框分别代表什么意义？

综合任务　根据所给视图补画第三视图，并标注尺寸

要求：1. 根据所给视图，补画第三视图。

2. 绘制形体的轴测图。

3. 对形体按 1:10 比例进行尺寸标注（量取为精确到小数点后一位）。

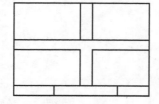 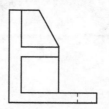

项目6

建筑形体的表达方法

✓ **知识目标**

- 了解断剖面图的用途和使用场合。
- 掌握段剖面图的形成和投影的绘制。
- 掌握段剖面图的区别。
- 掌握基本的视图的形成和图形的简化画法。

✓ **能力目标**

- 能够理解断剖面图的区别。
- 能够绘制形体的断面图和剖面图。
- 能运用简化画法绘制剖面图，并掌握徒手绘图方法。

任务1　剖面图的形成及绘制

➜ **工 作 任 务**

在建筑的图纸中，剖面图、断面图占很重要的位置，也是很重要的图纸。剖面图、断面图很灵活，对于断面复杂或者内部结构复杂的地方，我们都可以绘制它的剖断面图。观察下列视图（见图6-1-1），想象一下是怎么得到的？给每个视图命名，标示它剖切的位置，并理解投影与实体的关系。

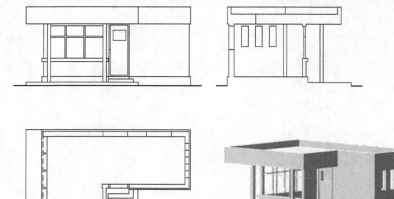

图 6-1-1　观察视图

知识链接6.1

一、剖面图的形成

　　当形体的内部结构较复杂时，视图的虚线也将增多，甚至出现实线与虚线、虚线与虚线重叠或者交叉的现象，致使视图很不明确，给读图和尺寸标注带来困难。为了解决这些问题，建筑工程制图中常采用剖面图或者断面图的画法。

　　假想用一垂直于投影方向线的剖切平面（此剖切平面平行于投影面）剖开形体，然后将处在观察者和剖切平面之间的部分移去，而将其余部分向投影面投影所得的图形称为剖面图。如图 6-1-2、图 6-1-3 所示。

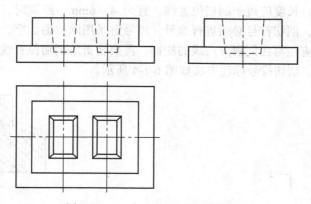

图 6-1-2　双杯口基础三面投影图

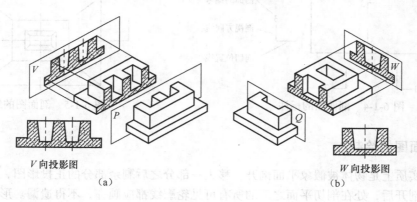

V 向投影图

（a）

W 向投影图

（b）

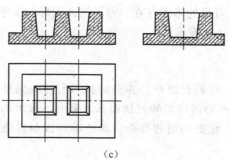

（c）

图 6-1-3　剖面图的形成过程

二、剖面图的画法

1. 剖面位置的确定

画剖面图时，首先要选择适当的剖切位置。为了能清晰地表达物体的内部构造特点，应使剖切平面尽量通过较多的内部结构（孔、槽等）的轴线或对称平面，并平行于选定的投影面。

2. 剖面位置的标注

剖面图的标注一般应该包括两部分：剖切符号和剖面图的名称。剖面图的剖切符号由剖切位置线及投射方向线组成，均应以粗实线绘制。剖切位置线的长度宜为 6～10mm；投射方向线应垂直于剖切位置线，长度应短于剖切位置线，宜为 4～6mm。绘制时，剖面图的剖切符号不应与其他图线相接触。剖切符号必须进行编号，编号宜采用阿拉伯数字，按顺序由左至右、由下至上连续编排，并应注写在剖视方向线的端部。需要转折的剖切位置线应在转角的外侧加注与该符号相同的编号。剖切符号标注方法如图 6-1-4 所示。

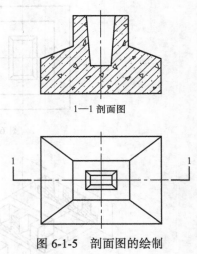

1—1 剖面图

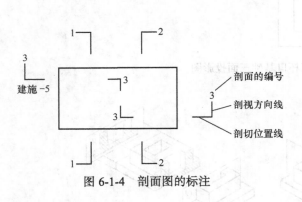

图 6-1-4 剖面图的标注

剖面的编号
剖视方向线
剖切位置线

建施-5

图 6-1-5 剖面图的绘制

3. 剖面图的绘制

剖面图实质上是物体被假象平面剖开，移去一部分之后剩余部分的正投影图，内外轮廓要画齐。物体剖开后，处在剖切平面之后的所有可见轮廓线都应画齐，不得遗漏。形体被剖开后画剖面图时，可能仍然有不可见的虚线存在，为了保证图形的清晰，对于已经表示清楚的部分，虚线可以省略不画，如图 6-1-5 所示。

☆小提示

1. 剖切面是假想的，除剖面图外，其余的投影图仍按完整形体来画，若一个形体需要几个剖面图来表示时，各剖面图选用的剖切面互不影响，每次剖切都按完整图形绘制。

2. 在绘制剖面图时，被剖切到的部分，其轮廓线用粗实线绘制；剖切面没切到，但看到的部分，用中粗线绘制。

4. 剖面图的图例

为了区分剖切到和没有剖切到的部分及形体的材料情况，剖面图中被剖切到的部分即形体与剖切平面的公共部分（断面）应按规定画出它的组成材料的剖视图例。

（1）常用建筑材料图例。

各种材料图例的画法均应按照国家标准的规定绘制，常见材料图例见表 6-1-1。在图上没有注明是何种材料时，断面的材料图例用等间距的 45° 倾斜的细实线来表示。

表 6-1-1　　　　　　　　　　　　常用建筑材料图例

名称	图例	备注	名称	图例	备注
自然土壤			混凝土		断面较小，不易画出图例线时，可涂黑
夯实土壤			钢筋混凝土		
砂、灰土		靠近轮廓线绘较密的点	木材		上为横断面，下为纵断面
砂砾石、碎砖三合土			泡沫塑料材料		
石材			金属		图形小时可涂黑
毛石			玻璃		
普通砖		断面较小、可涂红	防水材料		比例大时采用上面图例
饰面砖			粉刷		本图例采用较稀的点

（2）建筑材料图例画法规定。

制图标准只规定图例的画法，其尺寸比例视所画图样大小而定；可自编与制图标准不重复的其他建筑材料图例，并加以说明。

图例线应间隔均匀，疏密适度，图例正确，表示清楚。

不同品种的同类材料使用同一图例时（如某些特定部位的石膏板必须注明是防水石膏板），应在图上附加必要的说明。

两个相同的图例相接时，图例线宜错开或与倾斜方向相反，如图 6-1-6 所示。

两个相邻的涂黑图例（如混凝土构件、金属件）之间应留有空隙。其宽度不得小于 0.7mm，如图 6-1-7 所示。

当需画出建筑材料的面积过大时，可在断面轮廓线内沿轮廓线作局部表示，如图 6-1-8 所示。

131

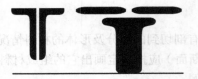　　　　　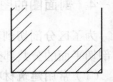

图 6-1-6　相同图例相接　　　　图 6-1-7　相邻涂黑图例　　　　图 6-1-8　局部表示图例

三、剖面图的分类

根据剖面图中剖切面的数量、剖切方式及剖切的范围等情况，剖面图可以分为全剖面图、半剖面图、局部剖面图、阶梯剖面图和旋转剖面图等。

1. 全剖面图

用一个投影面的平行面作为剖切面，将形体全部剖开后进行投影所得到的剖面图，称为全剖面图，这是一种最常用的剖切方法，适用于不对称的形体和虽然对称但外形比较简单的形体，或另有投影图，不需表达外形的物体，如图 6-1-9 所示。

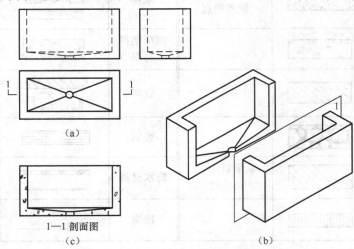

图 6-1-9　全剖面图的绘制

绘制全剖面图时，应按图线要求加深图线，按采用的材料画上相应的材料图例，同时在图形的正下方标注剖面图的编号，并在剖面图编号的下边加绘一条粗实线作为图名符号，如图 6-1-9（c）所示。

当形体比较复杂，一次剖切不能将形体内部情况完整表达清楚时，可以选择不同的剖切位置进行多次剖切。

☼小提示

　　在绘制全剖面图时，若形体对称，且剖切面通过对称中心平面，而全剖面图又置于基本体投影位置时，标注可以省略。

2. 半剖面图

当形体具有对称平面时，以对称中心线为界，在垂直于对称平面的投影面上投影得到的，由半个剖面图和半个视图合并组成的图形称为半剖面图，如图 6-1-10 所示两个投影图中的主视图为半剖面图。

它适用于具有与投影面垂直的对称平面，且其内、外均需表达的形体。

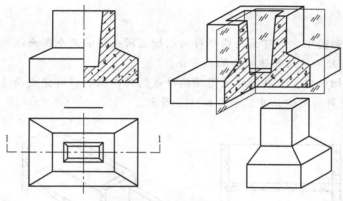

图 6-1-10　半剖面图

☼ 小提示

1. 半剖面图中，视图与剖面图应以对称线（细点画线）作为分界线。

2. 对于对称图形，剖面图已清楚地表达了内部结构，所以视图部分不用画虚线。

3. 习惯上，将半个剖面图画在对称线的右边或下边。

4. 半剖面的标注和全剖面图的标注相同。

133

3. 阶梯剖面图

用两个或两个以上平行的剖切面剖切形体得到的剖面图，称为阶梯剖面图，如图 6-1-11 所示。

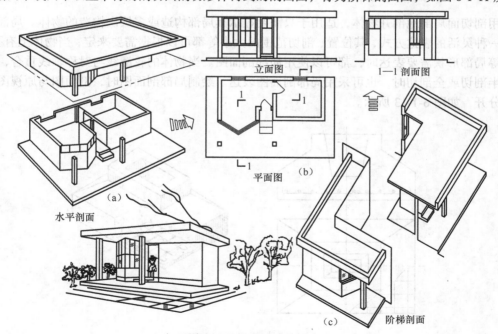

图 6-1-11　房屋的阶梯剖面图

由于剖切是假想的，因此两个剖切面的转折处，不要画出其交线的投影。阶梯剖面图的剖切位置线转折处应成直角，如与其他图线混淆，在转折处外侧必须加注与该剖面图相同的编号，如图 6-1-4 所示。

☼**小提示**

1. 在阶梯剖面图中，不可画出两平行的剖切面所剖得的两个断面在转折处的分界线，同时剖切平面转折处不应与形体的轮廓线重合。

2. 在同一剖切面内，如果形体采用了两种或两种以上的材料完成构造，绘图时，应使用粗实线将不同材料的图例分开，如图 6-1-12 所示。

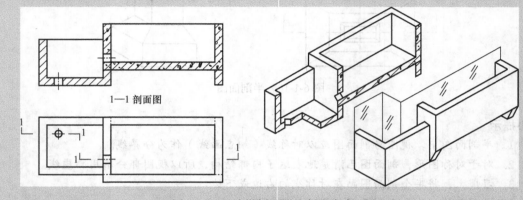

1—1 剖面图

图 6-1-12　阶梯剖面图绘制注意事项

4. 局部剖面图及分层局部剖面图

用剖切面局部地剖开物体，适用于只需要显示其局部构造或多层次构造的物体。局部剖面图是一种灵活的表达方式，其位置、剖切范围的大小等都可以根据需要来定，当物体上有孔眼、凹槽等局部形状需要表达时，都可以使用局部剖面图。当物体的轮廓线与对称轴线重合，不宜采用半剖切或全剖切时，也可采用局部剖面图表达。绘制局部剖面图时，剖面图与原视图用波浪线分开，如图 6-1-13 所示。

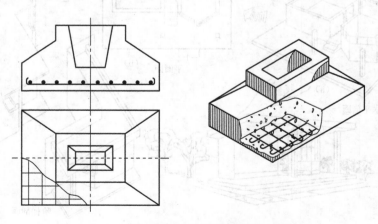

图 6-1-13　局部剖面图

在专业图中常用局部剖面图来表示多层结构所用的材料和构造。这种剖面图又称分层剖面图。分层剖面图不需要标注，如图 6-1-14 所示。

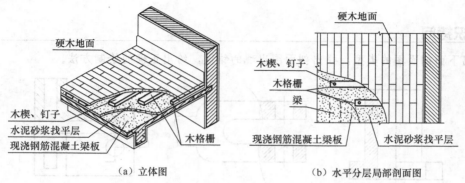

（a）立体图　　　　　　　　　　（b）水平分层局部剖面图

图 6-1-14　分层剖面图

☼小提示

　　波浪线表示物体断裂的投影，因而波浪线应画在形体的实体部分，不应与任何图线重合或画在形体之外。

5. 展开剖面图

用两个或两个以上相交的剖切面剖切物体，剖切后用展开的方法画在同一平面上，这样得到的剖面图，称为展开剖面图（又称旋转剖面图）。

如图 6-1-15 所示，一个两个楼梯段之间成一定角度的楼梯的剖面图，只有用两个相交的剖切面剖切楼梯，才能反映出楼梯的构造情况。

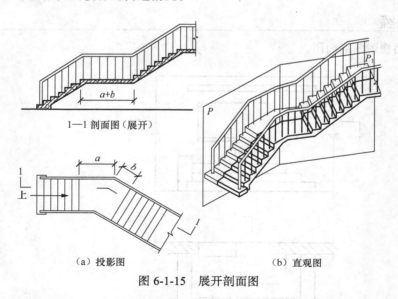

1—1 剖面图（展开）

（a）投影图　　　　　　　　　　（b）直观图

图 6-1-15　展开剖面图

☼小提示

　　1. 在绘制展开剖面图时，常选用一个剖切面平行于投影面，另一个剖切面绕剖切平面的交线旋转到平行于投影面的位置，然后再往投影面投影。

135

2. 展开剖面图应在图名的后面加注"展开"字样。

3. 绘制展开剖面图时也要注意，在剖面图上不应画出两相交剖切平面的交线。

知识拷问

说出下面剖面图的类型，找出剖面图出现的错误，给出正确的绘制方法。

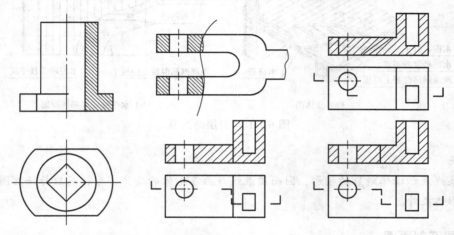

课堂讨论

针对自己的教室来讨论一下，剖视图的形成和绘制，剖开以后的样子，来判断一下，剖切位置对剖面图的影响。提出自己的看法。

技能训练

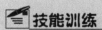

绘制下面视图的剖面图。

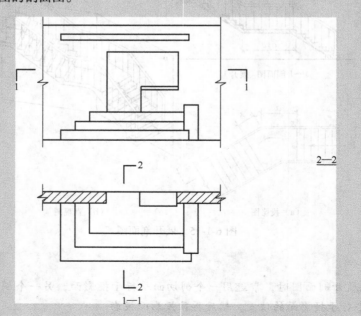

自我测试

1. 剖面图是如何形成的？
2. 剖面图是怎么进行标注的？标注时需要注意什么？
3. 剖面图都有哪些类型？它们使用在什么场合？
4. 说出各种剖面图绘制时的注意事项。

任务 2　断面图的形成及绘制

 工作任务

　　分析下面梁的结构形式，选择合适剖切位置来讨论一下该梁所具有的断面形式。要理解断面图和剖面图的区别，按图中剖切位置绘制相应的剖断面图（见图 6-2-1）。

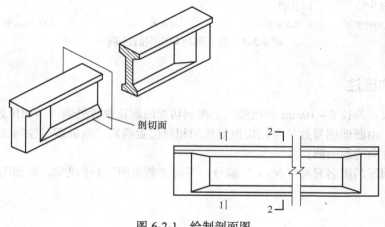

剖切面

1 2

1 2

图 6-2-1　绘制剖面图

 知识链接6.2

137

一、断面图的形成

　　假想用剖切面剖开物体后，仅画出该剖切面与物体接触部分的正投影，所得的图形称为断面图。

　　断面图与剖面图的区别如下。

　　（1）断面图只画出剖切平面与形体接触的断面图形，而剖面图除了画出断面图形外，还要画出剖切后按投影方向剩余部分可见轮廓线的投影。即剖面图是"体"的投影，断面图只是"面"的投影，如图 6-2-2 所示。

　　（2）剖面图可以采用多个平行剖切平面，但断面图不能，它只反映单一剖切平面的断面特征。

　　（3）剖面图用来表达形体内部形状和结构，而断面图则常用来表达形体中某断面的形状和结构。

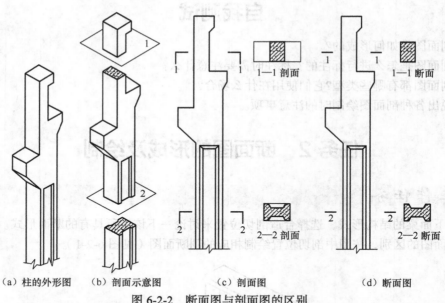

（a）柱的外形图　　（b）剖面示意图　　　（c）剖面图　　　　（d）断面图

图 6-2-2　断面图与剖面图的区别

二、断面图的标注

剖切位置线：为长 6~10mm 的粗实线，在剖切面的起止位置处表示剖切位置。

投射方向：由断面编号数字与剖切位置线的相对位置确定。断面编号注写在剖切位置线表示该断面投射方向的那一侧。

图名：断面图的图名只写"×-×"编号，不写"断面图"3个汉字。断面图的标注方法如图 6-2-3 所示。

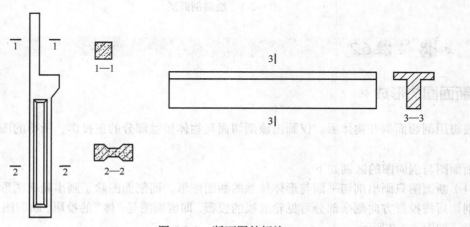

图 6-2-3　断面图的标注

三、断面图的分类

根据断面图配置的位置，将其分为移出断面图、重合断面图和中断断面图 3 种。

（1）移出断面图。画在视图外面的断面图称为移出断面图，如图 6-2-3 所示。移出断面图的轮廓线用粗实线画出，并尽量画在剖切符号或剖切面迹线的延长线上，必要时也可将移出断面图配置在其他适当的位置。

（2）重合断面图。画在视图之内的断面图称为重合断面图，如图 6-2-4，图 6-2-5 所示。画重合断面图时，轮廓线是细实线，当视图的轮廓线与重合断面的图形重叠时，视图中的轮廓线仍应连续画出，不可间断。

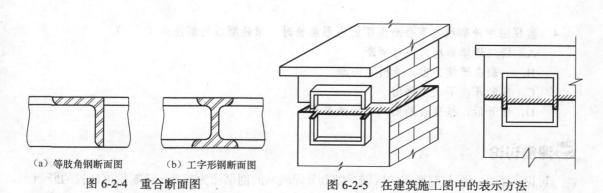

（a）等肢角钢断面图　　　（b）工字形钢断面图

图 6-2-4　重合断面图　　　　　　　　　图 6-2-5　在建筑施工图中的表示方法

（3）中断断面图。断面图画在构件投影图的中断处，就称为中断断面图，如图 6-2-6 所示。它主要用于一些较长且均匀变化的单一构件。图 6-2-6 所示为槽钢的中断断面图，其画法是在构件投影图的某一处用折断线断开，然后将断面图画在当中。画中断断面图时，原投影长度可缩短，但尺寸应完整地标注。画图的比例、线型与重合断面图相同，也无需标注剖切位置线和编号。

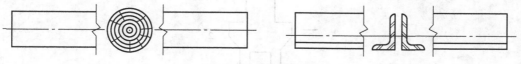

图 6-2-6　中断断面图

> ☆小提示
>
> 1. 重合断面是假想用一个垂直于形体轴线的剖切平面切开，然后把断面向右（也可向左）旋转 90°，使它与正立面图重合后画出来的。
>
> 2. 重合断面不需标注剖切符号和编号。
>
> 3. 如果断面图的轮廓线是封闭的线框，则重合断面的轮廓线用细实线绘制，并画出相应的材料图例。

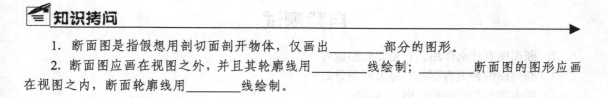

📖 知识拷问

1. 断面图是指假想用剖切面剖开物体，仅画出_____部分的图形。

2. 断面图应画在视图之外，并且其轮廓线用_____线绘制；_____断面图的图形应画在视图之内，断面轮廓线用_____线绘制。

3. 选择正确的 $A—A$ 移出断面图_____。

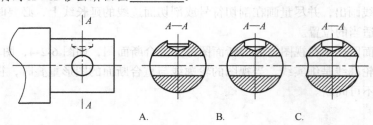

A.　　　　B.　　　　C.

4. 当视图中轮廓线与重合断面图的图形重叠时，原轮廓线的画法是（　　）。

　　A. 仍应连续画出，不可间断

　　B. 一般应连续画出，有时可间断

　　C. 应断开，不连续画出

　　D. 断开后，按重合断面的轮廓线画出

课堂讨论

　　讨论一下断面图与剖面图的区别，以上节课教室的剖面图为基础，绘制出该位置的断面图，并想象一下改变投射方向会对图形有什么影响。

技能训练

　　根据所给识图绘制该形体的断面图（采用移出断面图）。

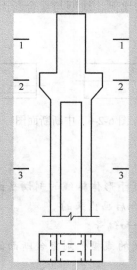

自我测试

1. 断面图有什么作用，它是怎么形成的？

2. 断面图的种类有哪些？是怎样划分的？

3. 断面图与剖面图的区别有哪些？

任务 3　多视图与简化画法

 工作任务

在实际工作中，我们仅仅采用三视图不能清楚地表达形体，因此可能要采用多视图的方式，并且需要把复杂重复的内容简单化，使图纸更清晰明了。看下面的建筑图，选择合适的投射方向，按 1:1 量取，绘制建筑的多方向视图，并徒手绘制一遍（见图 6-3-1）。

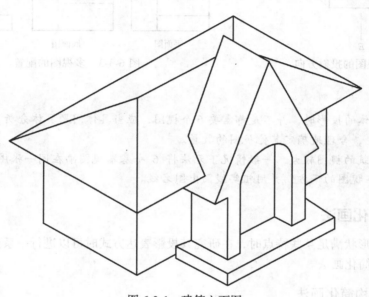

图 6-3-1　建筑立面图

 知识链接6.3

一、多面正投影视图

为了清晰地表达物体 6 个方向的形状，可在 H、V、W 三投影面的基础上再增加 3 个基本投影面。这 6 个基本投影面组成了一个六面体方箱，将物体围在当中（相当于将物体置于一个立方体中，立方体的 6 个表面就构成了 6 个基本投影面）。物体在每个基本投影面上的投影都称为基本视图。6 个基本视图仍然遵守"长对正、高平齐、宽相等"的投影规律，并具有一定的对称性，作图以及读图时要特别注意基本视图之间的尺寸对应关系。如图 6-3-2 所示，房屋建筑的视图应按正投影法并用第一角画法绘制。自前方 A 投影称为正立面图，自上方 B 投影称为平面图，自左方 C 投影称为左侧立面图，自右方 D 投影称为右侧立面图，自下方 E 投影称为底面图，自后方 F 投影称为背立面图。

如在同一张图纸上绘制若干个视图，各视图的位置宜按图 6-3-3 所示的顺序进行配置。

每个视图一般均应标注图名。图名宜标注在视图的下方或一侧，并在图名下用粗实线绘一条横线，其长度应以图名所占长度为准，如图 6-3-3 所示。使用详图符号作图名时，图名下可以不画横线。

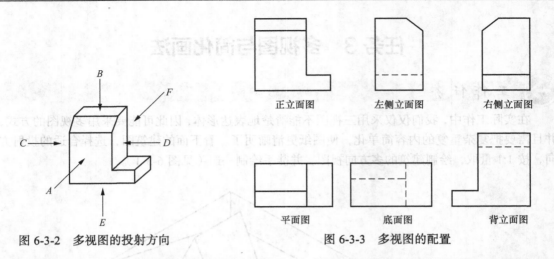

图 6-3-2　多视图的投射方向

图 6-3-3　多视图的配置

（正立面图　左侧立面图　右侧立面图　平面图　底面图　背立面图）

☆小提示

　　1. 表达形体的投影时，并不是都需要 6 个视图，应当具体问题具体分析，以 V、H、W 三面投影图为主，合理地确定其他视图的数量。

　　2. 房屋建筑的视图较大，一般情况下无法将 6 个基本视图画在同一张图纸上，每个视图的图名注写在视图的下方，并用粗实线画出图名线。

二、常用的简化画法

　　当构配件的形状满足某些特点时，在研究其投影表达方式时可以进行一系列的简化。本节介绍几种常用的简化画法。

1. 对称结构简化画法

（1）用对称符号。

　　当视图对称时，可以只画一半视图，单向对称图形（只有一条对称线，如图 6-3-4（a）、图 6-3-4（c）所示）或 1/4 视图（双向对称的图形，有两条对称线，如图 6-3-4（b）所示），但必须画出对称线，并加上对称符号。

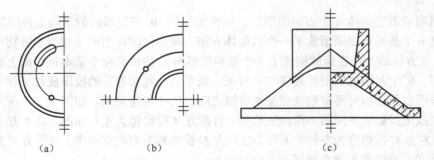

　　　　（a）　　　　　　　　　（b）　　　　　　　　　（c）

图 6-3-4　对称简化画法（一）

　　对称符号由对称线和两端的两对平行线组成。对称线用细点画线表示，平行线用细实线表示，其长度为 6~10mm，每对平行线间距宜为 2~3mm；对称线垂直平分两对称平行线，两段超出平行线宜为 2~3mm，两端的对称符号到图形的距离应相等。

（2）不用对称符号

当视图对称时，图形也可画成稍超出其对称线，即略大于对称图形的一半，此时可不画对称符号，如图 6-3-5 所示。

这种表示方法必须画出对称线，并在折断处画出折断线或波浪线（适用于连续介质）。

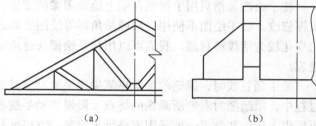

（a）　　　　　　　　（b）

图 6-3-5　对称简化画法（二）

2. 折断简化画法

较长的形体，如果沿长度方向的形状相同或按一定规律变化，可以断开省略画出，断开处应以折断线表示，折断线两端应超出图形线 2~3mm，如图 6-3-6（a）所示。在用折断省略画法所画出的较长构件的图形上标注尺寸时，尺寸数值应标注其全部长度，且尺寸线不能断开。如果折断的两部位相距过远，折断线两端靠图样一侧应标注大写拉丁字母表示连接编号，两个被连接的图样应用相同的字母编号，如图 6-3-6（b）所示。

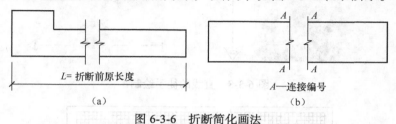

$L=$ 折断前原长度　　　　　　　　A—连接编号

（a）　　　　　　　　（b）

图 6-3-6　折断简化画法

3. 相同要素简化画法

形体的图形中有多个完全相同而连续排列的要素，可仅在两端或适当位置画出其完整形状，其余部分以中心线或中心线交点表示，如图 6-3-7 所示。

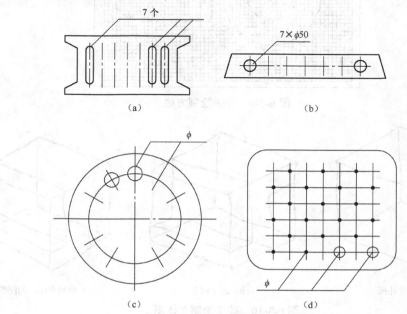

（a）　　　　　　　　（b）

（c）　　　　　　　　（d）

图 6-3-7　相同要素的简化画法

143

三、徒手绘图

徒手绘图是指只用手握笔在纸上绘画图像的方法，其常用的笔是铅笔，因为图像容易用橡皮擦修改。徒手绘图不使用直尺或量角器等绘图工具，以简化绘图的过程和节省时间，其线条的变化较为活泼和自然。我们可以用徒手绘图快速地记录物件的图形或设计的意念，以免日后遗忘。

徒手画直线时，握笔的手指离笔尖比平常写字时要稍远。手腕、小手指轻压纸面。在画的过程中，眼睛随时看着所画线的终点，慢慢移动手腕和手臂。注意手握笔一定要自然放松，不可攥得太死。初学者一般采用方格纸来绘制，方格纸是 5mm 见方的网格纸，待熟练后便可直接用白纸画，如图 6-3-8 所示，其他图形的绘制方法如图 6-3-9、图 6-3-10 和图 6-3-11 所示。

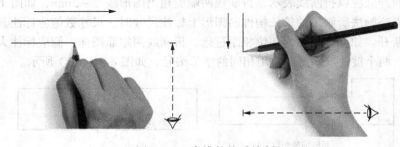

图 6-3-8　直线的徒手绘制

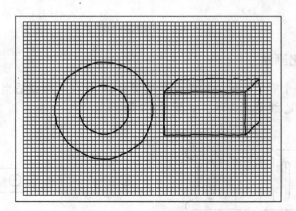

图 6-3-9　徒手绘制方格

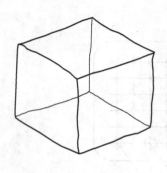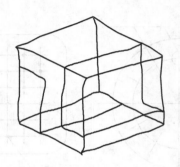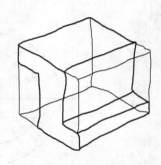

（a）绘制立体外框　　　　　　　（b）加上细节　　　　　　　（c）绘制立体、加深整理

图 6-3-10　徒手绘制立体图

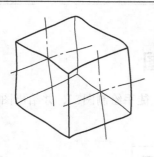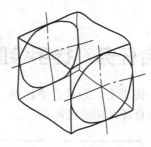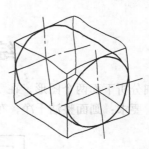

图 6-3-11　圆柱的绘制

知识拷问

选择正确的左视图。（　　）

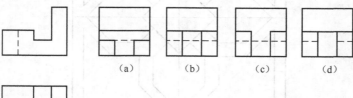

（a）　　　（b）　　　（c）　　　（d）

课堂讨论

讨论一下六视图的形成和配置，以本教学楼为例，想象一下，要选择几个视图才能清楚表达形体。说明自己的见解。

技能训练

徒手绘制下面图形。

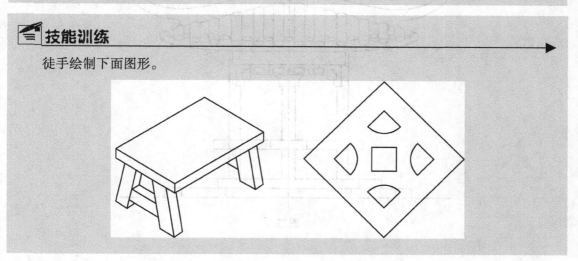

自我测试

1. 六视图是如何形成的？如何进行配置？
2. 哪些情况会用到简化画法？

综合任务　徒手绘图

　　仔细分析下面两个图形，在 A4 图纸上，选择合适比例，徒手绘制图二，并给出图一的简化画法。要求：画面整洁干净，布图合理，图形清晰。

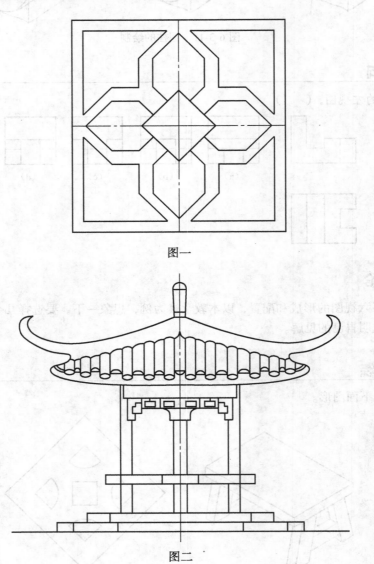

图一

图二

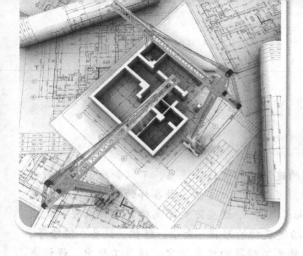

项目 7
建筑施工图的识读

知识目标

- 了解建筑物的基本组成和各部分的作用。
- 掌握建筑施工图表达方法和图示特点。
- 掌握平立剖及总平面图的图示内容及要求。
- 熟练阅读一般复杂的建筑施工图样。

能力目标

- 能够读懂建筑施工图。
- 能运用识图基本知识，发现图中存在的问题。
- 能够在阅读施工图的同时，绘制建筑施工图。

任务 1　识读总平面图和施工总说明

　工作任务

总平面图是新建建筑及其周围环境的水平投影图，表示出新建房屋的平面形状、位置、朝向及周围地形，地物的关系等。是新建房屋定位，施工放线，土方施工及有关专业管线布置的依据，因此识读总平面图具有很重要的意义。根据手中已有平面图，填写下列任务单。

内容编号	识读内容	答案阐述	知识说明
1	本工程的名称是什么？		
2	工程底层绝对高程是多少？		绝对高程和相对高程的意义。
3	卫生间防水做法是什么（查阅相关防水做法）？		防水的基本做法，施工要点和意义。
4	外墙、内墙的施工要点是什么？		查阅外墙内墙的施工做法。
5	新建建筑物有哪些（周围环境描述）？		查阅总平面图图例。
6	用坐标说明新建建筑物的位置。		施工坐标和测量坐标的意义。
7	说明建筑物的朝向和风向影响。		查阅玫瑰图和指北针。
8	说明总平面图上的道路交通，处于图中什么位置？		

知识链接7.1

当我们进入繁华的大都市时，都会惊叹高大的建筑物的宏伟、靓丽，不禁会感慨人类的创造能力如此之伟大。感慨之余，我们也可以思考，可以疑问，这些各种各样的建筑物是如何建起来的呢？所谓"千里之堤始于毫末，千里之行始于足下"，这些万丈的高楼始于什么呢？是设计者的概念！设计者的概念就是其设计意图，包括建筑物的形状、大小、结构、设备、装修等，这些都是无法用人类的语言来表达的。工程图样称为工程界的技术语言，建筑工程中，设计者的设计意图总是通过工程图样来表达，而建筑工程施工过程中，则以设计好的工程图纸——建筑施工图作为所有施工的依据。那么，何谓"建筑施工图"呢？

建筑施工图主要用来表示房屋的规划位置、外部造型、内部布置、内外装修、细部构造、固定设施及施工要求等，它包括施工图总说明、总平面图、平面图、立面图、剖面图、详图。

学习准备

一、房屋的主要组成及其作用

1．房屋的分类

房屋建筑是人们日常活动的场所，根据其使用功能和使用对象的不同，通常可以分为工业建筑（厂房、仓库、发电站等）、农业建筑（农机站、饲养场、谷仓等）和民用建筑三大类。民用建筑按其功能不同又分为公共建筑（学校、医院、宾馆、影院、车站等）和居住建筑（住宅、公寓）。

房屋建筑按照其规模和使用数量可分为大型性建筑和大量性建筑。大型性建筑指建造数量比较少，而单个建筑物体积大的建筑，如大型的机场、车站、剧院、展览馆、体育馆等；大量性建筑指的是建造数量多、相似性较大的建筑物，如学校、医院、商店、宿舍、住宅等。

2．房屋的组成和作用

虽然各种房屋的使用要求、空间组合、外形处理、结构形式和规模大小等各有不同，但基本上是由基础、墙、柱、楼面、屋面、门窗、楼梯及台阶、散水、阳台、走廊、天沟、雨水管、勒脚、踢脚板等组成，如图 7-1-1 所示。房屋各个组成部分分别处于不同的位置，发挥着不同的作用，共同完成房屋建筑的各项功能。

（1）基础。基础位于墙或柱的最下部，是房屋与地基的接触部分，起支撑建筑物的作用，并把全部荷载传给地基。

（2）墙身。墙身按位置可分为外墙和内墙，外墙起承重、围护作用，内墙起分隔作用。内墙按受力情况分为承重墙和非承重墙，承重墙起传递荷载给基础的承重作用；按方向可分为纵墙和横墙；两端的横墙通常称为山墙。

（3）柱和梁。柱是将上部结构所承受的荷载传递给地基的承重构件，按需要设置；梁则是将支撑在其上的结构所承受的荷载传递给墙或柱的承载构件。

（4）地面和楼面。房屋的第一层，也叫底层，其地面叫底层地面。第二层以上各层地面叫楼面，分隔上下层，还起承受上部的荷载并将其传递到墙上的作用。

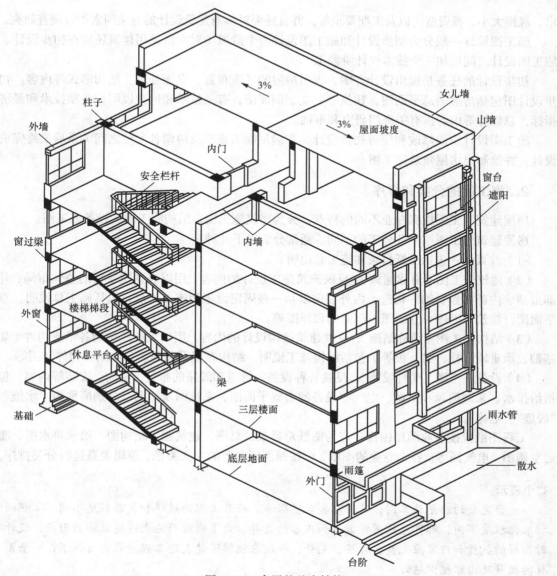

图 7-1-1　房屋的基本结构

（5）屋顶。房屋的最上面是屋顶，也叫屋盖，由屋面板及板上的保温层、防水层等组成，是房屋的上部围护结构。

（6）楼梯。楼梯是各楼层之间的垂直交通设施，为上下楼层用。

（7）其他。内外墙上的窗，起着采光、通风和围护作用，为防寒，外墙上的窗做成双层。

二、施工图的形成

1．施工图的形成

建筑设计必须严格执行国家基本建设计划，按照相关建设方针和技术政策，把房屋建筑计划任务书的文字资料编制成为表达房屋形象的全套图纸，并附必要的文字说明。

设计人员在接收了设计任务之后，首先要熟悉设计任务书，了解本设计的建筑性质、功能要

149

求、规模大小、投资造价以及工期要求等，并且还要对影响建筑设计的有关因素进行调查研究。

施工图设计一般分为初步设计和施工图设计两个阶段（对大型民用建筑还应在初步设计、施工图设计之间增加一个技术设计阶段）。

初步设计的任务是提出设计方案，表明房屋的平面布置、立面处理、结构形式等内容。初步设计图包括房屋的总平面图，建筑平、立、剖面图，有关技术和构造说明，各项技术和经济指标，总概算等内容供有关部门研究和审批。

施工图设计阶段修改和完善初步设计，在满足施工要求及协调各专业之间关系后最终完成设计，并绘制出房屋建筑施工图。

2. 施工图的分类和排序

房屋建筑施工图根据专业不同的特点，分为建筑施工图、结构施工图、设备施工图。

房屋建筑施工图按专业分工的不同，通常分为以下几种。

（1）首页图：包括图纸目录和施工总说明。

（2）建筑施工图（简称建施）：反映建筑施工设计的内容，用以表达建筑物的总体布局、外部造型、内部布置、细部构造、内外装饰以及一些固定设施和施工要求，包括施工总说明，总平面图，建筑平面图、立面图、剖面图和详图等。

（3）结构施工图（简称结施）：反映建筑结构设计的内容，用以表达建筑物各承重构件（如基础、承重墙、柱、梁、板等）包括结构施工说明、结构布置平面图、基础图和构件详图等。

（4）设备施工图（简称设施）：反映各种设备、管道和线路的布置、走向、安装等内容，包括给排水、采暖通风和空调、电气等设备的布置平面图、系统图及详图，分别简称为"水施""暖施""电施"。

工程图纸应按专业顺序编排，应为图纸总目录、总图、建筑图、结构图、给水排水图、暖通空调图、电气图等。各个专业的图纸，应按照图纸内容的主次关系、逻辑关系进行分类排序。

☼小提示

一套完整的房屋施工图，其内容和数量很多，而且工程的规模和复杂程度不同，工程的标准化程度不同，都可导致图样数量和内容的差异。为了能准确地表达建筑物的形状，设计时图样的数量和内容应完整、详尽、充分，一般在能够清楚表达工程对象的前提下，一套图样的数量及内容越少越好。

三、施工图图示特点

建筑施工图主要表达建筑物的总体布局、外部造型、内部布置、内外装修、细部构造、尺寸、结构构造、材料做法、设备和施工要求等。其基本图纸包括：施工总说明、总平面图、建筑平面图、建筑立面图、建筑剖面图、建筑详图和门窗表等。

建筑施工图是房屋施工时定位放线、砌筑墙身、制作楼梯、安装门窗、固定设施以及室内外装饰的主要依据，也是编制工程预算和施工组织计划的主要依据。

1. 施工图的图线

图线的宽度 b 应根据图样的复杂程度和比例，并按照现行国家标准《房屋建筑制图统一标准》（GB/T50001—2010）的有关规定选用图 7-1-2 和图 7-1-3 所示示例。绘制较简单图样时，可采用两种线宽的线宽组，其线宽比宜为 b:0.25b。各种线型的用途见项目一制图基本知识中的图线。

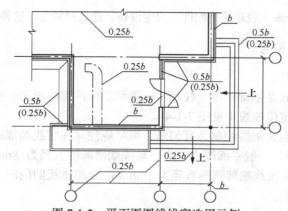

图 7-1-2　平面图图线线宽选用示例

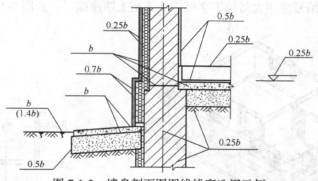

图 7-1-3　墙身剖面图图线线宽选用示例

151

2. 比例

房屋的平、立、剖面图采用小比例绘制，对无法表达清楚的部分，采用大比例绘制建筑详图来进行表达。

3. 标准图和标准图集

为了加快设计和施工进度，提高设计与施工质量，把房屋工程中常用的、大量性的构配件按统一模数、不同规格设计出系列施工图，供设计部门、施工企业选用，这样的图称为标准图，装订成册后就称为标准图集。

标准图集的分类方法有两种：一是按照适用范围分类；二是按照工种分类。

（1）按照适用范围，标准图集大体分为以下三类。

① 第一类是国家标准图集，经国家建设委员会批准，可以在全国范围内使用。

② 第二类是地方标准图集，经各省、市、自治区有关部门批准，可以在相应地区范围内使用。

③ 第三类是设计单位编制的标准图集，仅供本单位设计使用，此类标准图集用的很少。

（2）按照工种可分为以下两类。

① 建筑构件标准图集，一般用"G"或"结"表示。

② 建筑配件标准图集，一般用"J"或"建"表示。

4. 图例

建筑施工图中会有大量的图例。由于房屋的构、配件和材料种类较多，为作图简便起见，国标规定了一系列的图形符号来代表建筑构配件、卫生设备、建筑材料等，这种图形符号称为图例。

5. 施工图常用的符号

（1）定位轴线及符号。

在建筑施工图中，凡是基础、墙、柱和屋架等承重构件都应画出轴线，以便施工时的定位和放线，这些轴线称为定位轴线（见图7-1-4）。

定位轴线应用细单点长画线绘制并且编号，编号应注写在轴线端部的圆内。圆应用细实线绘制，直径为 8~10mm（一般平面图中，定位轴线端部圆的直径为 8mm；当绘制较复杂的平面图和建筑详图时，定位轴线端部圆的直径为 10mm）。定位轴线圆的圆心应定位在轴线的延长线上或者延长线的折线上。

平面图上定位轴线的编号，宜标注在图样的下方或左侧。横向编号应用阿拉伯数字，从左至右顺序编写，竖向编号应用大写拉丁字母，从下至上顺序编写，如图7-1-5 所示。

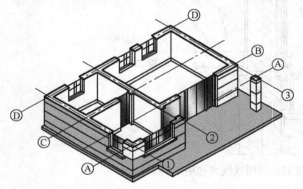

图 7-1-4 建筑施工图的定位轴线示例

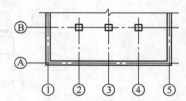

图 7-1-5 定位轴线的编号顺序

拉丁字母的 I、O、Z 不得用做轴线编号。如果字母数量不够使用，可增用双字母或单字母加数字注脚。组合较复杂的平面图中定位轴线也可采用分区编号（见图7-1-6），编号的注写形式应为"分区号——该分区编号"。分区号采用阿拉伯数字或大写拉丁字母表示。

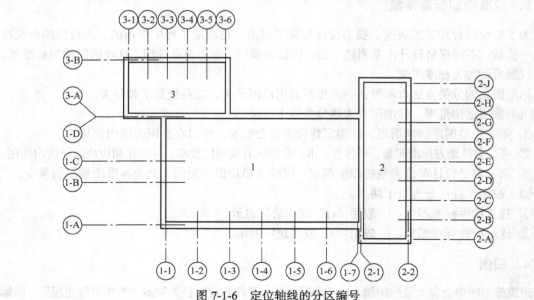

图 7-1-6 定位轴线的分区编号

建筑物的次要承重结构应以附加定位轴线标出，并且两条轴线间的附加轴线，应以分母表示前一轴线的编号，分子表示附加轴线的编号。编号宜用阿拉伯数字顺序编写，1 号轴线或 A 号轴线之前的附加轴线的分母应以 01 或 0A 表示，如图 7-1-7 所示。

图 7-1-7 附加轴线

（2）尺寸和标高。

在施工图中一律不注尺寸单位，施工图中的尺寸除标高和总平面图以 m（米）为单位外，其余均以 mm（毫米）为单位。

标高分两种，即绝对标高和相对标高。绝对标高：将我国青岛附近的黄海平均海平面定为零点标高，其他各地标高都以它作为基准。相对标高：在房屋施工图中，需要标注许多标高，如果都用绝对标高，不但数字繁琐，也不容易得出各部位的高差。因此除总平面图外，都标注相对标高，即把房屋底层室内地面定为相对标高的零点，房屋其他各部位的高度都以此为基准。

标高符号及其注写方式如图 7-1-8 所示。

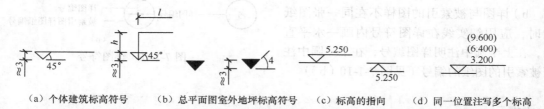

（a）个体建筑标高符号　（b）总平面图室外地坪标高符号　（c）标高的指向　（d）同一位置注写多个标高

图 7-1-8 标高符号的画法

153

（3）索引符号与详图符号。

为方便施工时查阅图样，且在图样中的某一局部或构件间的构造如需另见详图，应以索引符号注明画出详图的位置、详图的编号以及详图所在图纸的编号，并在所画详图附近编上详图符号，以便看图时对应查找。索引符号由直径为 10mm 的圆和水平直径组成，圆及水平直径均应以细实线绘制。

① 索引符号应按下列规定编写。

a）索引出的详图如与被索引的详图同在一张图纸内，应在索引符号的上半圆中用阿拉伯数字注明该详图的编号，并在下半圆中间画一段水平细实线，如图 7-1-9 所示。

b）索引出的详图如与被索引的详图不在同一张图纸内，应在索引符号的上半圆中用阿拉伯数字注明该详图的编号，在索引符号的下半圆中用阿拉伯数字注明该详图所在图纸的编号。数字较多时，可加文字标注，如图 7-1-9 所示。

c）索引出的详图如采用标准图，应在索引符号水平直径的延长线上加注该标准图册的编号，如图 7-1-9 所示。

索引符号如用于索引剖视详图，应在被剖切的部位绘制剖切位置线，并以引出线引出索引符号，引出线所在的一侧应为投射方向，如图 7-1-9 所示。索引符号的编写同上述规定。

详图的位置和编号应以详图符号表示。详图符号的圆应以直径为 14mm 粗实线绘制。

② 详图的编号规定。

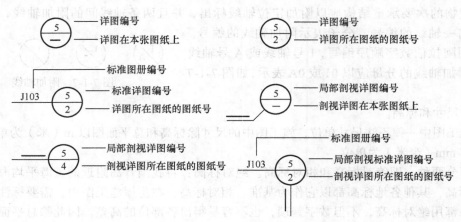

图 7-1-9　索引符号

　　a）详图与被索引的图样同在一张图纸内时，应在详图符号内用阿拉伯数字注明详图的编号（见图 7-1-10（a））。

　　b）详图与被索引的图样不在同一张图纸内时，应用细实线在详图符号内画一水平直径，在上半圆中注明详图编号，在下半圆中注明被索引的图纸的编号（见图 7-1-10（b））。

图 7-1-10　详图符号

> ☆小提示
> 　　要注意的是图中需要另画详图的部位应编上索引号，并把另画的详图编上详图号，两者之间须对应一致，以便查找。

　　（4）引出线。

　　引出线应以细实线绘制，宜采用水平方向的直线、与水平方向成 30°、45°、60°、90° 的直线，或经上述角度再折为水平线。文字说明宜注写在水平线的上方，也可注写在水平线的端部。索引详图的引出线，应与水平直径线相连接，如图 7-1-11 所示。

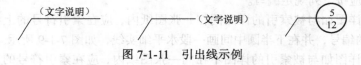

图 7-1-11　引出线示例

　　同时引出几个相同部分的引出线，宜互相平行，也可画成集中于一点的放射线，如图 7-1-12 所示。

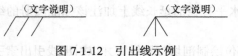

图 7-1-12　引出线示例

　　多层构造或多层管道共用引出线，应通过被引出的各层。文字说明宜注写在水平线的上方，或注写在水平线的端部，说明的顺序应由上至下，并应与被说明的层次相互一致；如层次为横向排序，则由上至下的说明顺序应与左至右的层次相互一致，如图 7-1-13 所示。

　　（5）指北针及风向频率玫瑰图。

　　指北针是用直径为 24mm 的细实线圆绘制的，指针尖部指向北，指针尾部宽度为 3mm，指针头部应注写"北"或"N"字样，一般绘制在底层建筑平面图上如图 7-1-14 所示。

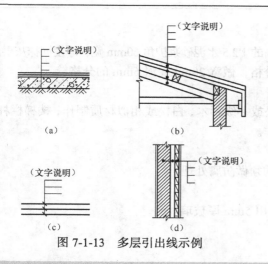

图 7-1-13　多层引出线示例

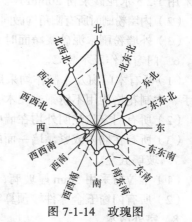

图 7-1-14　玫瑰图

一、建筑施工总说明

拟建房屋的施工要求和总体布局，由施工总说明和建筑总平面图表示出来。一般中小型房屋建筑施工图首页就包含了这些内容。对整个工程的统一要求（如材料、质量要求）、具体做法及该工程的有关情况都可在施工总说明中作具体的文字说明。

应用案例

155

某建筑物建筑设计总说明

1. 工程概况。

（1）本工程为一层砖混结构，层高 4.5m，建筑总面积 137.31m。

（2）本工程室外标高由业主确定，室内外高差为 0.45m。

（3）本工程建筑物重要性为丙类，安全等级为二级，防火等级为二级，抗震设防烈度为 7 度（0.15g），建筑合理使用年限为 50 年。

2. 设计依据。

《房屋建筑制图统一标准》（GB/T 50001—2010）；

《建筑制图标准》（GB/T 50104—2010）；

《民用建筑设计通则》（GB 50352—2005）；

《建筑抗震设计规范》（GB 50011—2010）；

《建筑设计防火规范》（GB 50016—2006）；

经业主同意的设计方案和所提的设计要求。

3. 尺寸与标高。

尺寸除标高以毫米为单位外，其余以米为单位。

4. 砌体工程。

门窗洞口采用钢筋混凝土过梁，当洞口宽度≤1.2m 时可以采用钢筋砖过梁；砌筑墙留洞（预留洞）的封堵：待粉刷前用 C15 细石混凝土填塞。

5. 室内外装修。

（1）凡雨篷、门头线、窗顶线、墙身水平挑板、圈梁、窗台、勒脚等除图纸特别注明外，均采用 1:2.5 水泥砂浆粉 20mm 厚。

（2）内墙粉刷时所有阳角均做同门窗洞口高的 1:2.5 水泥砂浆护角 60mm 宽，厚度同抹灰层。

（3）外墙粉刷水泥砂浆净面时大面积需分格，做宽 20mm、深 6mm 的分格缝。

6. 门窗制作及木装修。

（1）所有木门窗及木制作均采用二级红松或一级杉木、白松或相似材质制作，楼梯栏杆、扶手、木制花格均用不锈钢或硬木、钢筋制作。

（2）所有门窗除注明外均在墙中。

（3）所有在墙内或紧靠墙一面的木制作均须做防腐处理。

7. 玻璃五金。

（1）推拉窗采用 5mm 厚玻璃，固定扇采用 5mm 厚玻璃。

（2）所有门窗五金零件按预算定额配齐。

8. 室外散水。

沿建筑物四周（除台阶、坡道）均做混凝土散水，与墙面连接处用热沥青灌缝 20 mm 宽，垫层及面层见材料做法。

9. 标准图使用。

在设计中采用的标准图、通用图或套用图不论在局部节点或全部详图中均应按照图集、图纸的有关节点和说明全面配合施工。

10. 施工要求。

建筑物所需用材料的规格、性能、施工要求等除图中注明外，均按国家的有关标准、规范、法规执行。

11. 本说明未尽之处均按国家有关设计、施工规范、标准执行。

二、总平面图

建筑总平面图表达新建房屋所在的建筑基地的总体布局、新建房屋的位置、朝向及周围环境（如原有建筑物、交通道路、绿化和地形等）的情况，是新建房屋定位、施工放线、土方施工、施工现场布置及绘制水、暖、电等专业管线总平面图的依据，如图 7-1-15 所示。

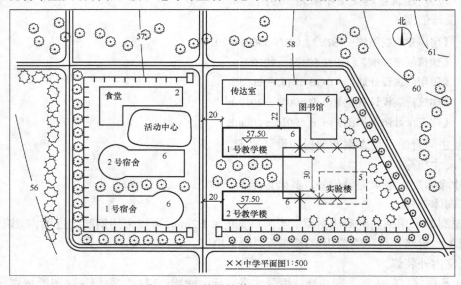

图 7-1-15　某学校传达室总平面图

1. 总平面图图示内容

（1）新建建筑物。拟建房屋，用粗实线框表示，并在线框内用数字表示建筑层数。

（2）新建建筑物的定位。总平面图的主要任务是确定新建建筑物的位置，通常是利用原有建筑物、道路等来定位的。总平面图常画在有等高线和坐标网格的地形图上，地形图上的坐标称为测量坐标，是用与总平面图相同比例画出的 50m×50m 或 100m×100m 的方格网。一般房屋的定位应注其 3 个角的坐标，如果建筑物、构筑物的外墙与坐标轴线平行，可注其对角坐标；如果建筑物方位为正南北向，可只标注一个墙角的坐标。

（3）新建建筑物的室内外标高。我国把青岛市外的黄海海平面作为零点所测定的高度尺寸，称为绝对标高。在总平面图中，用绝对标高表示高度数值，单位为 m。

（4）相邻有关建筑、拆除建筑的位置或范围。原有建筑用细实线框表示，并在线框内也用数字表示建筑层数。拟建建筑物用虚线表示。拆除建筑物用细实线表示，并在其细实线上打叉。

（5）附近的地形地物。即等高线、道路、水沟、河流、池塘、土坡等。

（6）指北针和风向频率玫瑰图。

（7）绿化规划、管道布置。

（8）道路（或铁路）和明沟等的起点、变坡点、转折点、终点的标高与坡向箭头。

☆ 小提示

以上内容并不是在所有总平面图上都是必须的，可根据具体情况加以选择。

2. 总平面图图示特点

（1）绘图比例较小。总平面图所要表示的地区范围较大，除新建房物外，还要包括原有房屋和道路、绿化等总体布局。因此，在《总图制图标准》中规定，总平面图的绘图比例应选用 1:500、1:1000、1:2000，在具体工程中，由于国土局及有关单位提供的地形图比例常为 1:500，故总平面图的常用绘图比例是 1:500。

（2）用图例表示其内容。由于总平面图绘图比例较小，图中的原有房屋、道路、绿化、桥梁边坡、围墙及新建房屋等均是用图例表示，建筑总平面图的常用图例见表 7-1-1。在较复杂的总平面图中，如用了《总图制图标准》中没有的图例，应在图纸中的适当位置绘出新增加的图例。

表 7-1-1　　　　　　　　　　　　　总平面图图例

序号	名称	图例	说明
1	新建建筑物		粗实线表示，需要时，可在右上角用数字或者黑点表示层数以及出入口
2	原有建筑物		用细实线表示
3	计划扩建的预留地或建筑物		中虚线
4	拆除的建筑物		细实线

157

序号	名称	图例	说明
5	建筑物下的通道		虚线表示通道位置
6	铺砌场地		细实线
7	围墙及大门		上图用于砖、混凝土 下图用于铁丝、篱笆
8	挡土墙		被挡的土在突出一侧
9	测量坐标	$X\ 105.000$ $Y\ 425.000$	X 为南北方向，Y 为东西方向
10	建筑坐标	$A\ 131.510$ $B\ 278.250$	A 为南北方向，B 为东西方向
11	填挖边坡		较长时可以只画局部
12	护坡		
13	台阶		箭头指向上的方向
14	原有道路		细实线
15	计划扩建道路		中虚线
16	拆除的道路		细实线加交叉符号
17	针叶乔木		
18	阔叶乔木		
19	针叶灌木		
20	阔叶灌木		
21	修剪的树篱		
22	草地		
23	花坛		

（3）图中尺寸单位为米。

（4）名称标注。总平面图上应注出图上各建筑物、构筑物的名称。

（5）新建房屋的朝向和风向。用指北针或风向频率玫瑰图来表示新建房屋的朝向及该地区常年风向。

3. 总平面图的阅读

（1）看图名、比例及有关文字说明。总平面图包括的地面范围较大，所以绘图比例较小，图中所用图例符号较多，应熟记。

（2）了解新建工程的性质与总体布局，了解各建筑物及构筑物的位置，道路、场地和绿化等布置情况以及各建筑物的层数。

（3）明确新建工程或扩建工程的具体位置。新建工程或扩建工程一般根据原有房屋或道路来定位。当新建成片的建筑物或较大的建筑物时，可用坐标来确定每栋建筑物及其道路转折点等的位置，当地形起伏较大时，还应画出等高线。

（4）看新建房屋底层室内地面和室外整平地面的绝对标高，可知室内外地面高差，及正负零与绝对标高的关系。

（5）看总平面图上的指北针或风向频率玫瑰图，可知新建房屋的朝向和该地区常年风向频率。

（6）总平面图上有时还画上给排水、采暖、电器等管网布置图，一般与设备施工图配合使用。

📖 知识拓展

159

常用建筑术语

横墙：沿建筑宽度方向的墙。

纵墙：沿建筑长度方向的墙。

进深：纵墙之间的距离，以轴线为基准。

开间：横墙之间的距离，以轴线为基准。

山墙：外横墙。

女儿墙：外墙从屋顶上高出屋面的部分。

层高：相邻两层的地坪高度差。

净高：构件下表面与地坪（楼地板）的高度差。

建筑面积：建筑所占面积×层数。

使用面积：房间内的净面积。

交通面积：建筑物中用于通行的面积。

构件面积：建筑构件所占用的面积。

绝对标高：青岛市外黄海海平面年平均高度为+0.000标高。

相对标高：建筑物底层室内地坪为+0.000标高。

常见的两种建筑物的结构形式

1. 砖混结构

承重墙体为砖墙，楼板层和屋顶层为钢筋混凝土梁板的建筑结构通称为砖混结构。为增强结构的整体性，在墙体中还可设置构造柱和钢筋混凝土圈梁。其通常用于七层或七层以下的一般建筑。

2. 框架结构

它用钢筋混凝土柱、梁、板分别作为垂直方向和水平方向的承重构件，用轻质块材或板材做围护墙或分隔墙的建筑结构。其结构整体性好，承载能力和抗震能力较强，并且门窗开设和房间的分隔灵活，适用于多层乃至中高层的建筑。

课后思考

1. 要求课下查阅资料，看看建筑都有哪些常用的结构形式，分析一下各种结构形式的优点和缺点，并举例说明（以世界知名建筑举例）。

2. 查阅资料看看设计图的三个阶段对总平面图有什么要求，进一步阐述理解总平面图的作用。

自我测试

1. 房屋都由哪些部分组成？说明每部分的作用。
2. 标准图集有什么作用？都有哪些类型？
3. 建筑总平面图和设计总说明表达哪些具体内容，图纸按专业怎么进行分类？

任务2　识读建筑平面图

 工作任务

建筑平面图主要反映房屋的平面形状、大小和房间布置，墙（或柱）的位置、厚度和材料，门窗的位置、开启方向等。建筑平面图可作为施工放线、砌筑墙、柱，门窗安装和室内装修及编制预算的重要依据。建筑平面图的识读很重要，根据手中成套建筑施工图的平面图，填写下列内容。

内容编号	识读内容	答案阐述	知识说明
1	建筑平面图是一个什么视图？		
2	各房间的标高是多少？室内外高差是多少？		相对高程的概念。卫生间地面的特点的原因？
3	平面图中的三道尺寸线都表示什么内容？		尺寸的分类和标注的方法意义。
4	建立门窗表，写出门窗详尽尺寸。		门窗表建立的方法。
5	各种墙体的厚度分别是多少？		了解内墙、外墙、墙体材料。
6	说明住宅的房间布置，了解房间的功能和尺寸大小。		平面图中的平面布置。
7	屋面的防水坡度？		排水作法和坡度设置。

导入

某学校砖混式结构传达室效果图如图 7-2-1 所示。

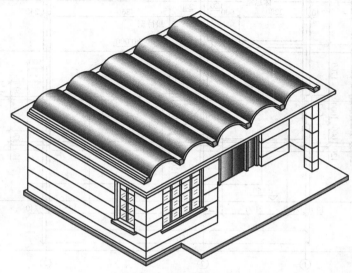

图 7-2-1 传达室效果图

为了表达该传达室的平面形状，用一假想通过门窗洞的水平剖切平面将其剖开，移去上半部分，如图 7-2-2 所示。

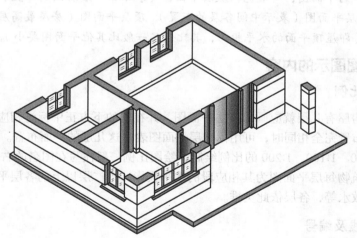

图 7-2-2 传达室的剖切

将剩余部分向水平投影面投射，并按照相关的建筑平面图绘制方法画出水平投影，即为此传达室的平面图，如图 7-2-3 所示。

对于多层建筑，一般来说应每层有一个单独的平面图。当建筑物中间几层平面布置完全相同时，可以省掉几个平面图，用一个平面图表达多个楼层的平面布置，这种平面图就称为标准层平面图。

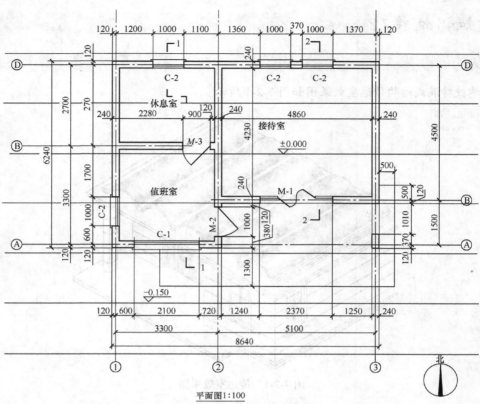

平面图1:100

图 7-2-3 传达室的平面图

建筑施工图中的平面图，一般包括底层平面图（表示第一层房间的布置、建筑入口、门厅及楼梯等）、标准层平面图（表示中间各层的布置）、顶层平面图（房屋最高层的平面布置图）以及屋顶平面图（即屋顶平面的水平投影，其比例尺一般比其他平面图要小）。

一、建筑平面图图示的内容

1. 图名及比例

一般情况下房屋有几层就应画出几层平面图，并在图的下方正中标注相应的图名。当建筑物中间几层平面布置完全相同时，可用标准层平面图表达这几层的平面布置。

平面图用 1:50、1:100、1:200 的比例绘制，绘图比例一般注写在图名的右侧。

应注意：建筑物每层平面图为其相应段的水平投影，即二层以上的各层平面图中不应再画出一层的台阶、散水等，各层依此类推。

2. 定位轴线及编号

平面图上的定位轴线是确定房屋建筑物的承重墙、柱和屋架等承重构件位置的线，是施工定位、放线的重要依据。

定位轴线编号一般标注在平面图形的下方和左方，在对定位轴线编号时，一般承重墙、柱及外墙编为主轴线，而非承重墙、隔墙编为附加轴线。

3. 线型

按《房屋建筑制图统一标准》规定，凡是被剖切平面剖到的墙和柱的断面轮廓线，宜用粗实线绘制（b），剖切到的次要建筑构造（包括构配件）的轮廓线（如墙身、台阶、散水、门扇开启线）、建筑构配件的轮廓线及尺寸起止斜短线用中粗实线绘制（$0.5b$），其余可见轮廓线及图例、尺寸标注等线用细实线绘制（$0.25b$）。较简单的图样可用粗实线 b 和细实线 $0.25b$ 两种线宽。

4. 图例

平面图由于比例较小，各层平面图的楼梯间、卫生设备、门窗等投影很难详尽表达，因此采用《房屋建筑制图统一标准》规定的图例表示，常见建筑构配件的图例见表 7-2-1。

表 7-2-1   常用建筑构配件图例

序号	名称	图例	备注
1	楼梯		1. 第一个图为顶层楼梯，第二个图为中间层楼梯，第三个图为底层楼梯； 2. 楼梯靠墙处或者楼梯中间设扶手时，应在图中表示。
2	电梯		
3	单面开启单扇门		1. 门的代号用 M 表示； 2. 平面图中，下为外，上为内。门的开启线为 90°、60° 或 45°，开启弧线宜画出； 3. 立面图中，开启线实线为外开，虚线为内开。开启线交角一侧为安装合页一侧。开启线在建筑立面图中可以不表示，在立面图的大样图中可根据需要绘出； 4. 剖面图中，左为外，右为内； 5. 附加纱窗应以文字说明，在平、立、剖面图中不表示； 6. 立面形式应按实际情况绘出。
4	双面开启单扇门		

163

续表

序号	名称	图例	备注
5	双层单扇平开门	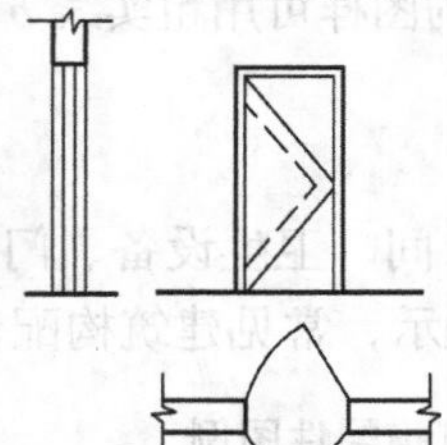	
6	单面开启双开门	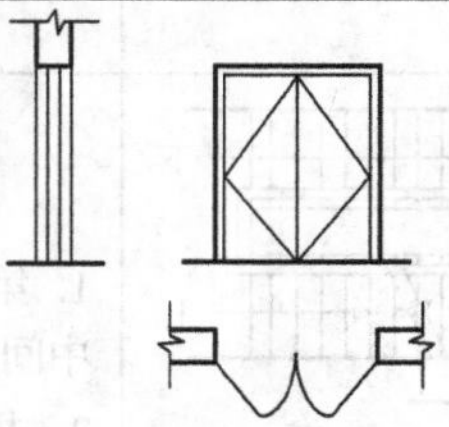	1. 门的代号用 M 表示； 2. 平面图中，下为外，上为内。门的开启线为 90°、60° 或 45°，开启弧线宜画出； 3. 立面图中，开启线实线为外开，虚线为内开。开启线交角一侧为安装合页一侧。开启线在建筑立面图中可以不表示，在立面图的大样图中可根据需要绘出； 4. 剖面图中，左为外，右为内； 5. 附加纱窗应以文字说明，在平、立、剖面图中不表示； 6. 立面形式应按实际情况绘出。
7	双面开启双扇门	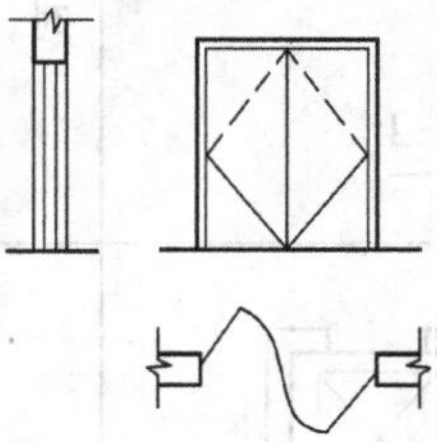	
8	双层双扇平开门	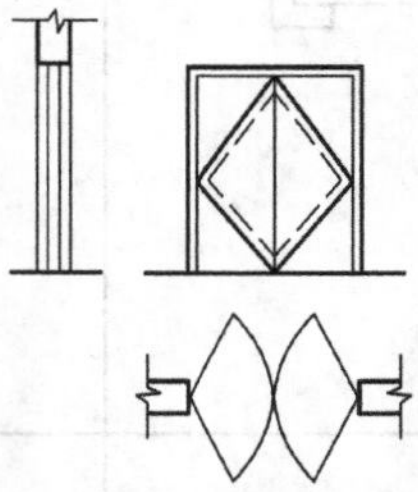	
9	空门洞	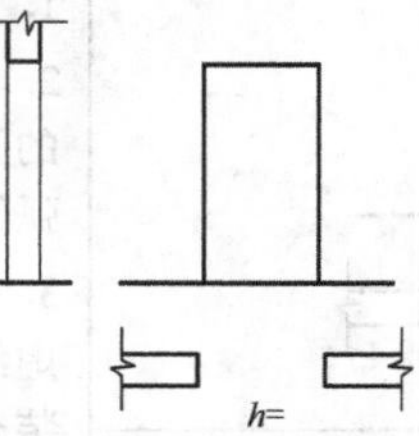 $h=$	h 为门洞的高度。

序号	名称	图例	备注
10	固定窗	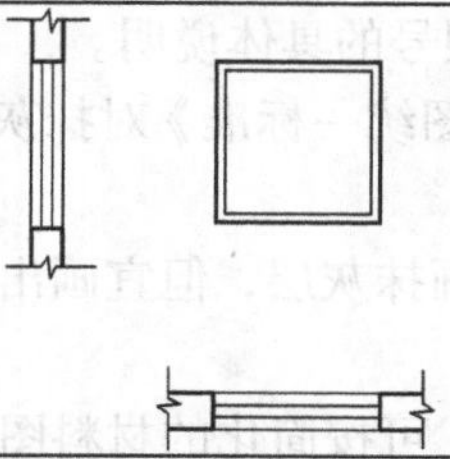	
11	单层外开平开窗	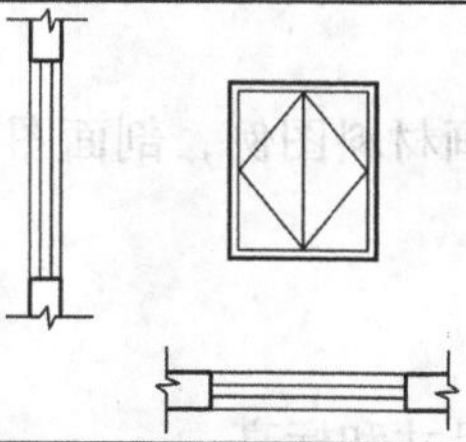	1. 窗的代号用 C 表示； 2. 平面图中，下为外，上为内； 3. 立面图中，开启线实线为外开，虚线为内开，开启线交角一侧为安装合页一侧；开启线在建筑立面图中可以不表示，在立面图的大样图中需绘出； 4. 剖面图中，左为外，右为内；虚线仅表示开启方向，项目设计不表示； 5. 附件纱窗应以文字说明，在平、立、剖面图中不表示； 6. 立面形式应按实际情况绘出。
12	单层内开平开窗	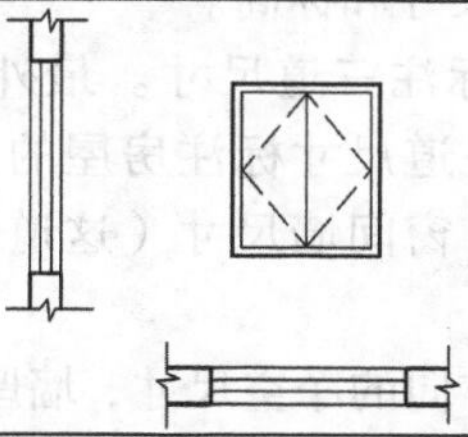	
13	双层内外开平开窗	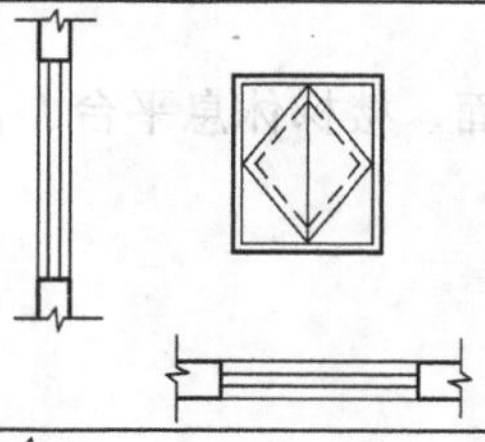	
14	单层推拉窗	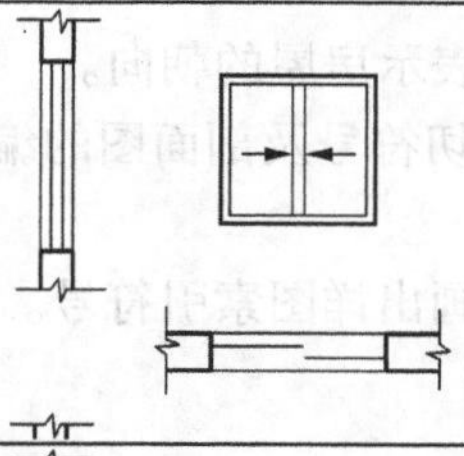	
15	双层推拉窗	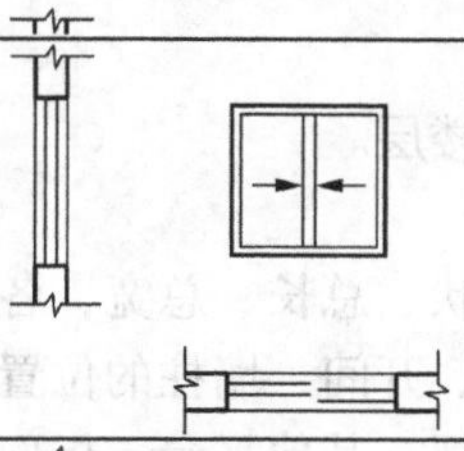	
16	高窗	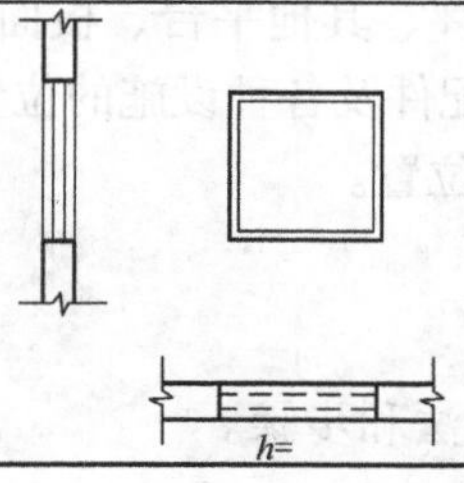	h 为窗底距本层地面高度。

165

门窗除用图例表示外，还应进行编号，以区别不同规格和尺寸，门的代号是 M，窗的代号是 C。在代号后面写编号，同一编号表示同一类型的门窗，如 M-1，C-2，也可以在窗的位置标注出门窗的代号，并附门窗表列出各种门窗型号的具体说明。

不同比例的平、剖面图中，《房屋建筑制图统一标准》对抹灰层、砖墙断面、钢筋混凝土断面和楼地面等规定了省略画法。

（1）比例小于 1:50 的平、剖面图，可不画抹灰层，但宜画出楼地面的面层线，砖墙断面画图例线。

（2）比例为 1:100、1:200 的平、剖面图，可按简化的材料图例（如砖墙涂红、钢筋混凝土涂黑等）绘制，但宜画出楼层地面的面层线。

（3）比例小于 1:200 的平、剖面图可不画材料图例，剖面图中楼层地面的面层线可根据需要而定。

5. 尺寸和标高

建筑平面图上的尺寸有外部尺寸、内部尺寸和标高。

（1）外部尺寸：在水平和竖直方向各标注三道尺寸。最外一道尺寸标注房屋水平和竖直方向的总长、总宽，称为总尺寸；中间一道尺寸标注房屋的开间和进深，称为轴线尺寸；最里边一道尺寸标注房屋外墙门洞、窗洞、窗间墙尺寸（这道尺寸应从轴线注起），称为细部尺寸。

（2）内部尺寸：应标注出各房间长、宽方向的净空尺寸，墙厚及与轴线的关系，柱子截面、房屋内部门窗洞口、门垛等细部尺寸。

（3）标高：平面图上应标注出各层楼地面、楼梯休息平台、台阶顶面、阳台顶面和室外地坪的相对标高。

6. 其他标注

（1）室内地面的高度。

（2）在底层平面图附近应画出指北针，以表示房屋的朝向。

（3）底层平面图中应画出建筑剖面图的剖切符号及剖面图的编号，以便与剖面图进行对照查阅。

（4）在平面图中凡需绘制详图的部位，应画出详图索引符号。

二、建筑平面图的阅读

（1）读图名、比例，明确平面图表达哪个楼层。

（2）读指北针，弄清房屋的朝向。

（3）分析总体情况：包括建筑物的平面形状、总长、总宽，各房间的位置和用途。

（4）分析定位轴线：了解各个房间的进深、开间、墙柱的位置及尺寸。

（5）读标高：各层楼或者地面以及室外地坪、其他平台、板面的标高。

（6）读细部结构：详细了解建筑物各个构配件及各种设施的位置及尺寸，并查看索引符号。

（7）查看建筑剖面图的剖切符号以及剖切位置。

🔖 应用案例

以图 7-2-4 为例说明阅读建筑平面图的方法和步骤。

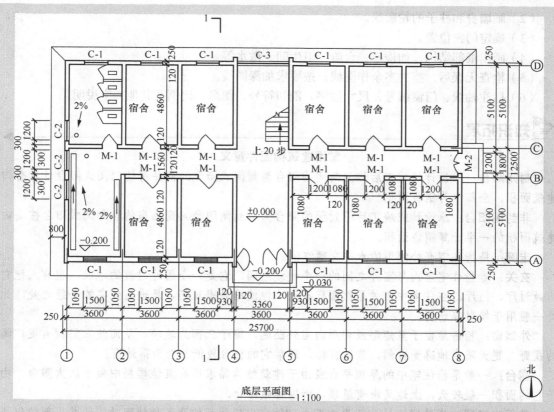

图 7-2-4　某建筑平面图

167

（1）从图名可了解到该图是底层平面图，比例是 1:100。在图中有一个指北针符号，说明房屋坐北朝南。建筑的入口有两处，主入口位于南面正中，另一个次要入口设在建筑的东侧。房屋外面轮廓总长 25.70m、总宽为 12.50m。底层地面定位标高零点。

（2）从轴线网和墙体可以看出，平面呈标准的长方形，横向轴线为 1～8，竖向轴线为 A～D，房间的开间都是 3.60m，南北面房间的进深都是 5.10m，走廊东西走向，将建筑物平分为南北两部分。

（3）走廊的中部与主入口之间为全楼的门厅，向北是楼梯，每层的最西侧是盥洗室和卫生间，地面标高为-0.200。

（4）从第三道尺寸可了解门窗洞宽和位置、墙柱的大小和位置等。如外墙是 370mm，内墙 240mm，C-1 窗的宽度是 1.5m，窗边距离轴线 1.05m。

（5）从平面图中还可了解到楼梯、隔板、墙洞和各种卫生设备等的配置和位置，了解室外台阶、散水和雨水管的大小与位置。在底层平面图上，还画出了剖面图的剖切符号，如 1-1，以便与剖面图对照查阅。

三、建筑平面图的绘制

绘制建筑施工图时一般按平面图→立面图→剖面图→详图进行。

平面图的绘图步骤如下。

（1）画出平面图中的定位轴线。

（2）画墙身和柱子的轮廓线。

（3）确定门窗位置。

（4）画出细部结构，如楼梯、台阶、卫生间、散水等。

（5）检查无误后，擦去多余作图线，按要求加深图线。

（6）标注轴线、门窗编号，尺寸数字，剖切符号，图名、比例及其他文字说明。

知识拓展

常用建筑构配件意义

封闭阳台： 原设计及竣工后均为封闭的阳台为封闭式阳台。商品房的封闭式阳台计入套内建筑面积，全部作为销售面积。

非封闭阳台： 原设计或竣工后不封闭的阳台为非封闭阳台。商品房的非封闭式阳台按套内建筑面积的一半计算销售面积。

走廊： 是指住宅套外使用的水平交通空间。

玄关： 专指住宅室内与室外之间的一个过渡空间，它是一个缓冲过渡的地段，也有人把它叫做过厅、门厅。在住宅中玄关虽然面积不大，但使用频率较高，是进出住宅的必经之处，此处一般用于换鞋等场所。

外飘窗： 指房屋窗子呈矩形或梯形向室外凸起，窗子三面为玻璃，从而使人们拥有更广阔的视野，更大限度地感受自然、亲近自然，通常它的窗台较低甚至为落地窗。

露台： 一般是指住宅中的屋顶平台或由于建筑结构需求而在其他楼层中做出的大阳台，由于它的面积一般较大，上边又没有屋顶，所以称做露台。

单元式房屋： 指整楼设计分割为由多个可独立出售的部位及各种特定功能的共用部位组成的房屋。如商品房、拆迁安置房、综合楼等类型。

跃层式住宅： 是近年来推广的一种新颖住宅建筑形式。这类住宅的特点是，内部空间借鉴了欧美小二楼独院住宅的设计手法，住宅占有上下两层楼面，卧室、起居室、客厅、卫生间、厨房及其他辅助用房可以分层布置，上下层之间的交通不通过公共楼梯而采用户内独用小楼梯联接。跃层式住宅的优点是每户都有二层或二层合一的采光面，即使朝向不好，也可通过增大采光面积弥补，通风较好，户内居住面积和辅助面积较大，布局紧凑，功能明确，相互干扰较小。

阁楼： 指位于自然层内，利用房屋内的上部空间或人字屋架添加的使用面积不足该层面积的暗楼，不计层次。

课后思考

以教学楼为例，经过实地考察，思考一下我们需要绘制几张建筑平面图？为什么？借此来了解建筑平面图的作用和表达的内容。

自我测试

1. 建筑平面图是怎样形成的？

2. 建筑平面图上要体现什么内容？

3. 建筑平面图的作用是什么？怎样阅读建筑平面图？

任务 3　识读建筑立面图和剖面图

　工 作 任 务

　　建筑立面图是在与房屋立面相平行的投影面上所做的正投影图，简称立面图。剖面图一般是用来表示房屋内部结构的图纸，一般会剖到楼梯。这两种图纸都是呈现建筑立面尺寸的图纸。根据手中已有成套建筑施工图，来填写下列内容。

内容编号	识读内容	答案阐述	知识说明
1	建筑物的总高、层数、层高。		
2	什么屋顶？有没有女儿墙？		平坡屋顶的定义，女儿墙的作用。
3	外墙的材料，分格，作法。		外墙常用材料、特点及作法。
4	建立门窗表，填写其高度尺寸。		门窗表建立的方法。
5	剖面图的标注和转折。		了解内墙，外墙，墙体材料。

　知识链接7.3

导入

　　某学校砖混式结构传达室的立面效果图，如图 7-3-1 所示。

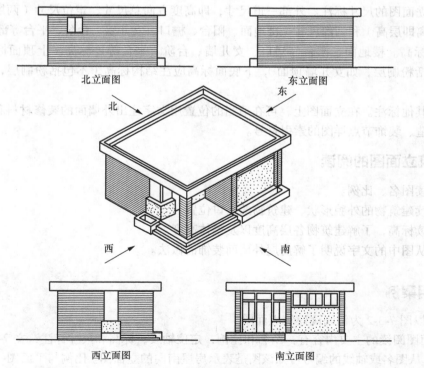

图 7-3-1　传达室的立面图

169

建筑立面图主要用来表达房屋的外部造型、门窗位置及形式、立面装修的材料、阳台和雨篷的做法以及雨水管等的位置。

一座建筑物是否美观，很大程度上取决于它在主要立面上的艺术处理，包括造型与装修是否优美。在设计阶段，立面图主要是用来研究这种艺术处理的。在施工图中，它主要反映房屋的外貌和立面装修的做法。在与房屋立面平行的投影面上所作房屋的正投影图，称为建筑立面图，简称"立面图"。

一、建筑立面图图示的内容

（1）图名及比例。其中反映主要出入口或比较显著地反映出房屋外貌特征的那一面的立面图，称为正立面图，其余的立面图相应地称为背立面图和侧立面图。但通常也按房屋的朝向来命名，如南立面图、北立面图、东立面图和西立面图等。有时也按轴线编号来命名，如①~⑨立面图或 A~E 立面图等。

建筑立面图的比例与平面图的比例一致，常用 1:50、1:100、1:200 的比例绘制。

（2）定位轴线。一般立面图只画出两端墙的定位轴线及编号，以便确切地判别立面图的投射方向。

（3）图线。为了使立面图外形清晰、层次分明，通常用粗实线（b）表示立面图的最外轮廓线，突出墙面的雨篷、阳台、门窗洞口、窗台、窗楣、台阶、柱、花池等投影用中实线（$0.5b$）绘制，外地坪用加粗线（$1.4b$）绘制，其余如门扇、窗扇、墙面分格线、材料引出线、落水管等用细实线（$0.25b$）绘制。

（4）图例。由于立面图画图的比例较小，绘制一些细部结构如门窗时应按《房屋建筑制图统一标准》规定的图例绘制，一般在立面图上可不表示门的开启方向。

（5）立面图的尺寸标注。外部三道尺寸，即高度方向总尺寸、定位尺寸（两层之间楼地面的垂直距离即层高）和细部尺寸（楼地面、阳台、檐口、女儿墙、台阶、平台等部位）。

（6）标高。楼地面、阳台、檐口、女儿墙、台阶、平台等处标高。上顶面标高应注建筑标高（包括粉刷层，如女儿墙顶面），下底面标高应注结构标高（不包括粉刷层，如雨篷、门窗洞口）。

（7）其他标注。在立面图上，可在适当的位置用文字注出外墙面的装修材料和做法，注出各部分构造、装饰节点详图的索引符号。

二、建筑立面图的阅读

（1）读图名、比例。

（2）读建筑物的外貌形状、建筑物的入口位置。

（3）读标高，了解建筑物各层高度以及整体高度。

（4）从图中的文字说明了解房屋外墙面装饰的做法。

应用案例

1. 以图 7-3-2 为例阅读建筑立面图。

立面图阅读的主要内容有：图名和比例；定位轴线；标高和尺寸标注；文字说明。

（1）从图名或轴线的编号可知该图是表示房屋南向的立面图。比例与平面图一样（1:100）以便对照阅读。

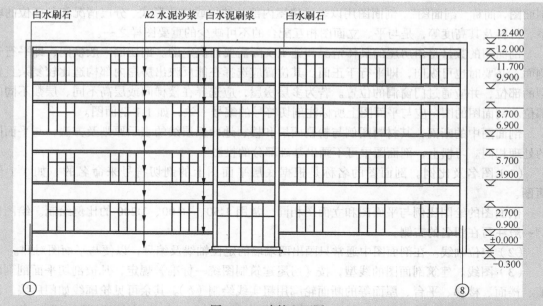

图 7-3-2　建筑立面图

（2）从图中可看到房屋一个立面的外貌形状，它的主入口在中间，前面有一个台阶。

（3）从图中所标注的标高，知此房屋最低处（室外地坪）比室内低 300mm，房屋的外墙总高度为 12.40m。一般标高注在图形外，并做到符号排列整齐，大小一致。若房屋左右对称时，一般注在左侧；不对称时，左右两侧均应标注，必要时为了更清楚起见，可标注在图内（如正门上方的雨篷底面标高 3.000m）。

171

（4）从图中的文字说明，了解到房屋外墙装修做法。如外墙为 1:2 水泥白灰砂浆粉面及分格。勒脚、门廊柱、窗间墙及女儿墙为白水刷石粉面。窗台、窗顶为白水泥粉面。

三、建筑立面图的绘制

立面图的绘图步骤如下。

（1）画地坪线，根据平面图画首尾定位轴线及外墙线。

（2）依据层高等高度尺寸画各层楼面线（为画门窗洞口、标注尺寸等作参照基准）、檐口、女儿墙轮廓、屋面等横线。

（3）画房屋的细部如门窗洞口、窗线、窗台、室外阳台、楼梯间超出屋面的小屋（冲层或塔楼）、柱子、雨水管、外墙面分格等细部的可见轮廓线。

（4）布置标注：布置标高（楼地面、阳台、檐口、女儿墙、台阶、平台等处标高）、尺寸标注、索引符号及文字说明的位置等。立面图只标注外部尺寸，也只需对外墙轴线进行编号，按要求轻画字格和数字、字母字高导线。

（5）检查无误后整理图面，按要求加深、加粗图线。

（6）书写数字、图名等文字。

四、建筑剖面图的图示内容

假想用一个或多个垂直于外墙轴线的铅垂剖切面，将房屋剖开，所得的投影图，称为建筑剖面图，简称"剖面图"。剖面图用以表示房屋内部的结构或构造形式、分层情况和各部位的联系、材料及其高度等，是与平、立面图相互配合的不可缺少的重要图样之一。

剖面图的数量是由房屋的具体情况和施工实际需要而决定的。剖切面一般横向，即平行于侧面，必要时也可纵向，即平行于正面。其位置应选择在能反映出房屋内部构造比较复杂且典型的部位，并应通过门窗洞的位置。若为多层房屋，应选择在楼梯间或层高不同、层数不同的部位。剖面图的图名应与平面图上所标注剖切符号的编号一致，如 1-1 剖面图。

剖面图中的断面，其材料图例与粉刷面层和楼、地面面层线的表示原则及方法，与平面图的处理相同。习惯上，剖面图中可不画出基础部分的投影。

（1）图名及比例。剖面图的名称是根据底层平面图上的剖切符号来命名的，如 1-1 剖面图。

剖面图的绘图比例与平面图和立面图相同，常用 1:50、1:100、1:200 的比例绘制。绘图比例一般注写在图名的右侧。

（2）定位轴线。在剖面图中通常只画出两端墙的定位轴线及编号，以便与平面图对照。

（3）图线。建筑剖面图的线型，按《房屋建筑制图统一标准》规定，凡被剖切平面剖到的墙、楼面、楼梯、平台、屋面等的断面轮廓用粗实线绘制（b）。其余可见轮廓线如门后墙、窗后墙、踢脚线、勒脚线、楼梯、栏杆、扶手等用细实线绘制（$0.25b$）。室外地坪用加粗线（$1.4b$）绘制。

（4）图例。在剖面图中，门、窗应采用《房屋建筑制图统一标准》规定的图例表示。砖墙和混凝土的材料图例画法与平面图相同。

（5）尺寸和标高。建筑剖面图上的尺寸有外部尺寸、内部尺寸和标高。

① 外部尺寸：在外墙竖直方向上标注三道尺寸。最外一道尺寸标注房屋室外地坪至女儿墙压顶的总高尺寸；中间一道标注各层高尺寸；最里边一道标注外墙门洞、窗洞、窗间墙以及勒脚和檐口高度尺寸。在水平方向应标注剖到的墙、柱及剖面图两端的轴线间距。

② 内部尺寸：应标注出室内内墙门洞、窗洞、楼梯栏杆等高度尺寸。

③ 标高：剖面图上应标注出室外地坪、楼地面、阳台、檐口、女儿墙、台阶、平台等处的标高。

（6）其他标注。由于剖面图采用的比例较小，有些部位不能详细表达，可在该部位处画出详图索引符号，另用详图表示其细部结构。

五、建筑剖面图的阅读

阅读建筑剖面图时，应当以平面图以及立面图作为依据，由平面图、立面图到剖面图，从外到内，由下及上，反复对照读图，形成对房屋的整体认识。

（1）阅读图名和比例，查阅底层平面图上的剖面图标注符号，明确剖面图的剖切位置和投影方向。

（2）分析建筑物的内部空间组合与布局，了解建筑物的分层情况。

（3）了解建筑物的结构与构造形式，墙、柱之间的相互关系以及建筑材料和做法。

（4）阅读标高和尺寸，了解建筑物的层高、楼面标高、其他部位的标高以及相关尺寸。

应用案例

2. 以图 7-3-3 为例阅读建筑剖面图。

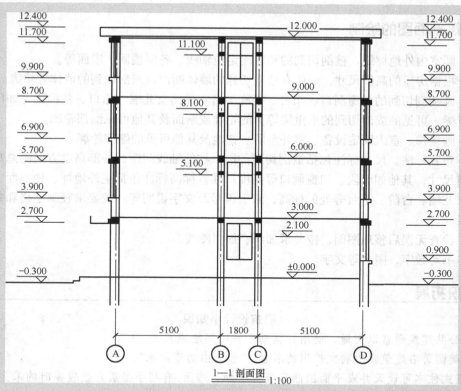

图 7-3-3　建筑剖面图

剖面图阅读的主要内容分列如下。

（1）首先阅读图名和比例，并查阅底层平面图上的剖面图的标注符号，明确剖面图的剖切位置和投影方向。

图名是 1:1 剖面图。由图名就可在底层平面图 7-2-4 中查找编号为 1 的剖切符号，由剖视方向可知是向左剖视，也就是向西剖视。由此就可以按剖切位置和剖视方向，对照各层平面图和屋顶平面图来识读 1:1 剖面图。

在图名旁，标注了所采用的比例 1:100。

（2）分析建筑物内部的空间组合与布局，了解建筑物的分层情况。

从图中可以看出该建筑物高度方向共分为四层。

（3）了解建筑物的结构与构造形式，墙、柱等之间的相互关系以及建筑材料和做法。

从图中可以看出该建筑物为平屋顶，结合图顺次识读室内外地面、楼面、屋顶、内外墙、门窗和雨篷等。

（4）阅读标高和尺寸，了解建筑物的层高、楼地面的标高及其他部位的标高和有关尺寸。

结合图查阅各部分的标高。

总之，阅读建筑剖面图时应以建筑平面图为依据，由建筑平面图到建筑剖面图，由外部到内部，由下到上，反复对照查阅，形成对房屋的整体认识，还可以得知各楼层、休息平台面、屋面、檐口顶面的标高尺寸。

六、建筑剖面图的绘制

（1）画室内外地坪线、被剖切到的和首尾定位轴线、各层楼面、屋面等。

（2）根据房屋的高度尺寸，画所有被剖切到的墙体断面及未剖切到的墙体等轮廓。

（3）画被剖切到的门窗洞口、阳台、楼梯平台、屋面女儿墙、檐口、各种梁（如门窗洞口上面的过梁、可见的或剖切到的承重梁等）的轮廓或断面及其他可见细部轮廓。

（4）画楼梯、室内固定设备、室外台阶、花池及其他可见的细部轮廓。

（5）布置标注。尺寸标注包括被剖切到的墙、柱的轴线间距；外部高度方向的总高、定位细部三道尺寸；其他如墙段、门窗洞口等高度尺寸。标高标注包括室外地坪、楼地面、阳台、檐口、女儿墙、台阶、平台等处的标高、索引符号及文字说明等。按要求轻画字格和数字字母字高导线。

（6）检查无误后整理图面，按要求加深、加粗图线。

（7）书写数字、图名等文字。

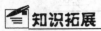 **知识拓展**

建筑设计小知识

1. 公共建筑通常以交通、使用、辅助三种空间组成。

2. 美国著名建筑师沙利文提出的名言："形式由功能而来"。

3. 点式住宅可设天井或平面凹凸布置可增加外墙面，有利于每层户数较多时的采光和通风。

4. 垂直方向高的建筑需要考虑透视变形的矫正。

5. 为保持室内空间稳定感，房间的低处宜采用低明度色彩。

6. 超过 8 层的建筑中，电梯就成为主要的交通工具了。

7. 建筑的模数分为基本模数、扩大模数和分模数。

8. 地下室、贮藏室等房间的最低净高不应低于 2.0m。

9. 利用坡顶作起居室卧室的，一半面积净高不应低于 2.1m。

10. 开向公共走道的窗扇，其地面高度不应低于 2 米，外窗窗台低于 0.8m 时应采用防护措施。

课后思考

1. 参观校园内的建筑，看看建筑外墙的材料有几种？讨论一下，各种建筑材料适用于哪种类型的建筑，了解其做法。

2. 讨论建筑剖面图一般选择剖在什么位置？对剖面图表达的内容有什么影响？

自我测试

1. 什么是建筑物的总高？女儿墙一般多高？

2. 如何阅读建筑平面图和剖面图？

3. 建筑立面图的尺寸怎么标注？体现哪些内容？

任务 4　识读建筑相关详图

 工作任务

建筑平面图、立面图和剖面图一般采用较小的比例，在这些图上难以表示清楚建筑物某些部位的详细构造。建筑详图（简称详图或大样图）是建筑细部的施工图，也是建筑平面图、立面图、剖视图等基本图纸的补充和深化。根据自己手中的相关详图或成套建筑施工图，填写下面的表格。

内容编号	识读内容	答案阐述	知识说明
1	室外散水的具体做法？		
2	屋面的具体做法？		保温，防水和找坡。
3	女儿墙的高度？压顶的基本做法？		女儿墙的作用、高度要求。
4	楼梯的梯段宽度和长度？		
5	楼梯栏杆采用的材料及连接方式？		
6	楼梯间的开间和进深？		
7	踏步的具体尺寸是什么？		

 知识链接7.4

建筑详图（简称详图或大样图）是建筑细部的施工图。它采用较大比例，对某些建筑构配件及其节点的详细构造（包括式样、做法、用样和详细尺寸等）进行绘制。它通常作为建筑平、立、剖面图的补充，如所要作补充的建筑构配件（如门窗做法）或节点系套用标准图或通用详图时，一般只要注明所套用图集的名称、编号或页次，不必再画出详图。

对于建筑构造节点详图，除了要在平面图、立面图、剖视图中的有关部位绘注索引符号外，还应在详图上绘注详图符号或写明详图名称，以便对照查阅。

对于建筑构配件详图，一般只要在所画的详图上写明该建筑构配件的名称或型号，就不必在平面图、立面图、剖视图上绘注索引符号。

一、建筑详图的主要内容和要求

（1）图名及比例。

（2）表达出构配件各部分的构造连接方法及相对位置关系。

（3）表达出各部位、各细部的详细尺寸。

（4）详细表达构配件或节点所用的各种材料及其规格。

（5）有关施工要求及制作方法说明等。

二、墙身节点详图

墙身节点详图实际上是建筑剖视图的局部放大图，它表达了房屋的屋面、楼面、地面和檐口的构造及其与墙身等其他构件的关系，还表明了门窗顶、窗台、勒脚、散水等构造，是施工的重要依据。

详图用较大的比例画出。画图时，往往在窗洞中间处断开，成为几个节点详图的组合。如果多层房屋中各层的情况一样时，可以只画底层、顶层或加一个中间层。

详图的线型与剖视图一样，因为采用较大的比例，所以剖切到的断面上应画上规定的材料图例，墙身应用细实线画出粉刷层。

应用案例

墙身节点详图的阅读

图 7-4-1 所示为某宿舍的外墙节点详图，现以此为例，简要说明外墙节点详图表达的内容和方法。

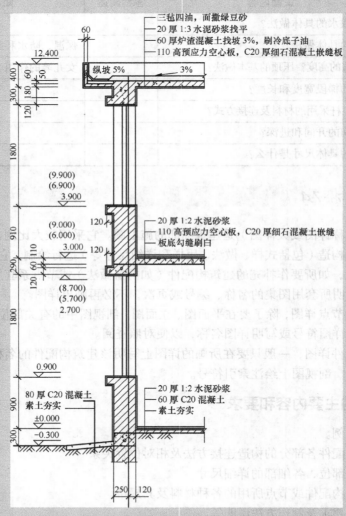

图 7-4-1　建筑外墙身节点详图

（1）外墙剖面详图采用的比例为 1:20，从轴线符号可知为 A（D）轴线外墙身。

（2）从檐口部分，可以了解到屋面的承重层、女儿墙、挑檐的构造。如在本详图中，屋面的承重层是预制钢筋混凝土空心板，60 厚炉渣混凝土找坡 3%，上有油毡防水层，女儿墙高 400，是混凝土材料。

（3）墙体采用普通砖砌筑，厚度为 370mm，窗过梁、压顶、防潮层、天沟、楼板等均为

176

钢筋混凝土制作。

在详图中，对屋面、楼面、地面和挑檐的构造，采用了多层构造说明方法表达出截面的层次、厚度及所用的材料、做法等，如图中的文字说明。

（4）从楼板与墙身的连接部分，可了解各层楼板的搁置方向与墙身的关系。在本例中，预制钢筋混凝土空心板是平行纵向布置的，因而它们是搁置在两端的横墙上。

（5）从图中还可以看到窗台、窗过梁的构造情况。窗框和窗扇的形状和尺寸需另用详图表示。

（6）从勒脚部分，可知房屋外墙的防潮、防水和排水的做法。外墙身的防潮层，一般是在底层室内地面下 60mm 左右处，以防止地下水对墙身的侵蚀。在外墙面，离室外地面 300～500mm 高度范围内（或窗台以下），用坚硬防水的材料做成勒脚，在勒脚的外地面，用 1:2 的水泥砂浆抹面，做出 2%坡度的散水，以防雨水或地面水对墙基础的侵蚀。

在详图中，一般应标注出各部位的标高，高度方向和墙身的细部尺寸。图中标高注写两个以上的数字时，括号内的数字依次表示高一层的标高。

三、楼梯详图

1. 楼梯的组成

楼梯是多层房的屋的垂直交通设施，类型多种多样。下面介绍一种常见的双跑平行楼梯，它由楼梯段、平台和栏板（栏杆扶手）组成，包括梯横梁、梯斜梁和踏步，如图 7-4-2 所示。踏步的水平面称为踏面；垂直面称为踢面。所谓梯段"级数"，一般就是指踏步数，也就是一个梯段中踢面的总数，它也是楼梯平面图中一个梯段的投影中实际存在的平行线条的总数。

177

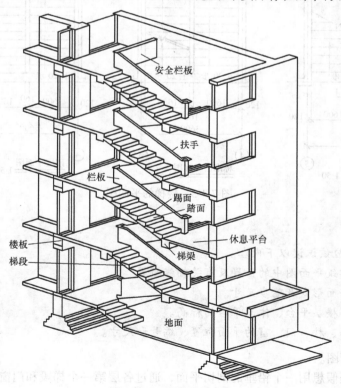

图 7-4-2　楼梯的组成

楼梯的构造比较复杂，一般需另画详图，以表示楼梯的类型、结构形式、各部分尺寸及装修做法，详图是楼梯施工放样的主要依据。

2. 楼梯详图的内容和表达方式

楼梯详图一般包括平面图、剖面图及踏步、栏杆详图等，绘图时应尽可能把它们画在同一张图纸内。楼梯详图还有建筑详图和结构详图之分，分别隶属于"建筑施工图"和"结构施工图"。

（1）楼梯平面图。

一般每一层楼都要画一个楼梯平面图。四层或四层以上的房屋，若中间各层的楼梯梯段和平台的构造、形状、尺寸和步级数完全相同，可合用同一个平面图。因此，通常一幢房屋的楼梯平面图只需画出其首层、中间层和顶层 3 个平面图即可。三个平面图画在同一张图纸内，并互相对齐，以便于阅读，如图 7-4-3 所示。楼梯平面图的剖切位置，是在该层往上走的第一梯段（休息平台下）的任意位置处。各层被剖切到的梯段，按国家标准规定，均在平面图中画一条 45° 折断线表示。在每一梯段处画有一长箭头，并标注"上"或"下"字和步级数，表明从该层楼面往上或往下走多少步级可达到上（或下）一层的楼面。楼梯平面图用轴线编号表示楼梯间在建筑平面图中的位置，标注楼梯间的长宽尺寸及标高。在底层平面图应标注楼梯剖面图的剖切符号。

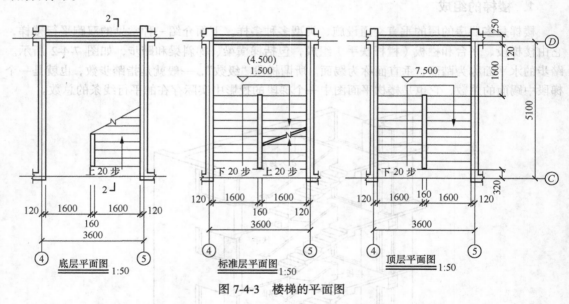

图 7-4-3　楼梯的平面图

☆小提示

楼梯平面图应该识读以下内容。
1. 楼梯在建筑平面图中的位置及有关轴线布置。
2. 楼梯的平面形式及踏步尺寸。
3. 楼梯间各楼层平台、休息平台的标高。
4. 楼梯间墙、柱、门、窗的平面位置、编号和尺寸。

（2）楼梯剖面图。

楼梯剖面图是假想用一个铅垂的剖切平面，通过各层第一个梯段和门窗洞垂直剖切，向未剖梯段的方向投射所得到的剖面图。它主要表达房屋的层数、各层楼地面及平台的标高、楼梯的梯段数、步级数、构件的连接方式、楼梯间窗洞的尺寸以及栏杆的形式和高度等内容，图7-4-4所示为某建筑物楼梯剖面图。

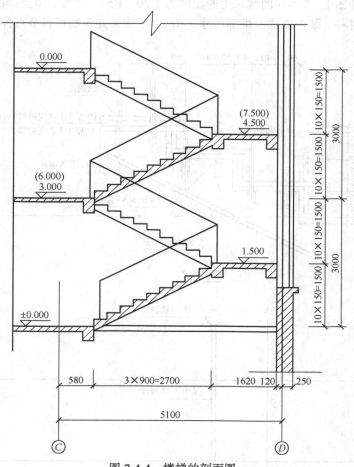

图 7-4-4　楼梯的剖面图

179

在多层房屋中如果中间各层楼梯结构相同，可以只画底层、中间层和顶层剖面图。中间各层可共用一层表示，但应在此层中标注出与之结构相同层的标高。楼梯间的屋面一般在剖面图中不画出，用折断线将其断开。

楼梯间剖面图中应标注室内外地面、平台面、楼地面的标高。竖直方向应标注剖到墙的墙段、门窗洞口、层高、平台梁下口以及梯段的高度尺寸。梯段高度尺寸应按组合方式标注，即步级数×踢面高=梯段高。水平方向应标注被剖切墙的轴线编号、轴线尺寸、中间平台宽和梯段长度尺寸。需要注意，同一楼层间两个梯段总高度之和应等于该层的层高，如有积累误差应予以消除；同一梯段在剖面图中的"步级数"与在平面图中的"踏面数"是不相等的，后者是将前者减去"1"；栏杆的高度尺寸，是从踏面的中点算至该竖直位置上的扶手顶面，一般为900mm。如需画出踏步、扶手、栏杆等详图时，还应标出详图索引符号。

（3）楼梯节点详图。

上述这些详图，显然对建筑平面图、立面图、剖面图中的楼梯部分作了很好的补充，但还是有一些细部的做法仍未能详尽地表达清楚，例如踏步的表面装修处理和栏杆扶手的做法等。

因此，在楼梯详图中除了要画出楼梯平面图和剖面图外，还要画出栏杆、踏步和扶手节点详图（也称为大样图）。节点详图常采用的比例为 1:20、1:5、1:2 等。节点详图应表明栏杆、踏步的结构形式、材料、装饰做法及细部尺寸，图 7-4-5 为某建筑物楼梯节点详图。

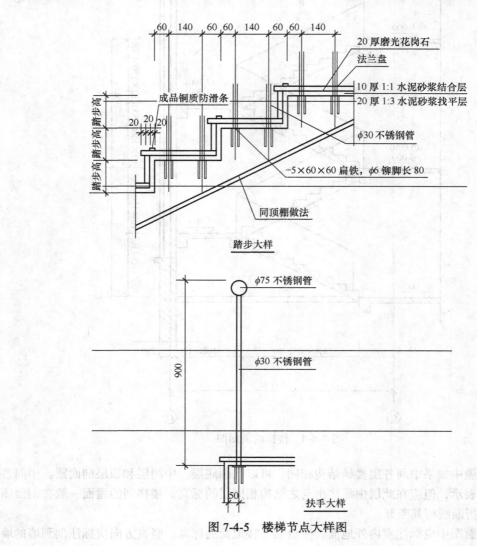

图 7-4-5　楼梯节点大样图

3. 门窗详图及门窗表

门窗详图由门窗的立面图、门窗节点剖面图、门窗五金表及文字说明组成。

门窗立面图表明门窗的组合形式、开启方式、主要尺寸及节点索引标志。

门窗的开启方式由开启线决定，开启线有实线和虚线之分。

门窗节点剖面图表示门窗某节点中各部件的用料和断面形状，还表示各部件的尺寸及其相互间的位置关系。

门窗表是对建筑平、立、剖面图的一种补充，见表 7-4-1。在现代建筑工程中，门窗的型式、用料、大小及其构造做法大都编制有一定的通用标准。一般来说，设计部门绘制建筑施工图时，若该建筑门窗的型式、用料、大小、构造做法均是采用图集中的标准设计的，就可不必再另行绘制这些门窗的详图，而只要列表分别说明这些门窗所在标准设计图集中的编号等资料即可。

表 7-4-1　　　　　　　　　　　　　某别墅门窗表

类型	序号	型号	规格		樘数	备注
			宽度	高度		
门	1	JLM1	2960	2100	1	铝合金卷帘门
	2	M2	1800	2100	1	推拉门
	3	16M0821	800	2100	3	套用浙 J2—93 标准图集
	4	16M0921	900	2100	7	套用浙 J2—93 标准图集
	5	16M2121	2100	2100	1	套用浙 J2—93 标准图集
	6	16M2124	2100	2400	1	套用浙 J2—93 标准图集
窗	1	LTC1512B	1500	1200	5	铝合金推拉窗
	2	LTC1515B	1500	1500	10	铝合金推拉窗
	3	LTC1212B	1200	1200	1	铝合金推拉窗
	4	LTC1215B	1200	1500	4	铝合金推拉窗
	5	LTC1815B	1800	1500	2	铝合金推拉窗
	6	C-1			1	老虎窗
	7	C-2			2	百叶窗
说明	铝合金门窗参照套用 99-浙 J7 标准图集					

知识拓展

建筑设计小知识

1. 建筑楼梯梯段的最大坡度不宜超过 38°。
2. 住宅起居室、卧室、厨房应直接采光，窗地比为 1/7。
3. 住宅室内楼梯踏步宽不应小于 0.22m，踏步高度不应大于 0.20m。
4. 两个安全出口之间的净距不应小于 5m。
5. 室内台阶尺寸宜为 150×300；室外台阶宽宜为 350 左右，高宽比不宜大于 1:2.5。
6. 梯段宽度不应小于 1.1m（6 层及以下一边设栏杆的可为 1.0m），净空高度 2.2m。
7. 电梯不应与卧室、起居室紧邻布置。
8. 12 层及以上每栋楼设电梯不应少于两台。
9. 电梯和自动扶梯均不可以计作安全出口。
10. 开向公共走道的窗扇，其地面高度不应低于 2 米，外窗窗台低于 0.8 米时应采用防护措施。

课后思考

以教室一楼梯为例，自己测量，绘制楼梯平面图，并给出踏步的详图，讨论楼梯的基本组成和作用。

自我测试

1. 楼梯由什么组成？各部分的作用是什么？
2. 外墙身节点详图表达什么内容？
3. 门窗详图要表达什么内容？

综合任务 建筑施工图的识读

根据附录一中所给的根据手中已有成套建筑施工图，识读相关内容，识读的内容可按每个任务所给的表格汇总。要求：认真阅读图纸中所给的任何图线所代表的内容，找到各构件配件在各类图中的对应关系。表格中给的内容并非全部，小组间相互讨论，尽可能把内容填写得更完整。

识读内容	相关说明	对应图纸（什么图纸上可以体现）	相关拓展
房屋基本情况（包括朝向，层高，层数，总高，建筑面积，占地面积）			
房屋布置情况（包括每间房屋的功能，大小，门窗设置）			
楼地面屋面情况（包括各房间地面标高，室内外标高，楼面屋面的做法）			
外墙装饰装修（分格、材料、颜色做法）			

续表

识读内容	相关说明	对应图纸（什么图纸上可以体现）	相关拓展
楼梯相关内容（梯段尺寸，楼梯间尺寸，楼梯扶手栏杆安装）			
门窗相关内容（门窗位置，尺寸）			

附录一

序号	材料	图例	备注
1	自然土壤		包括各种自然土壤
2	夯实土壤		
3	砂、灰土		越靠近轮廓线的地方点密一些
4	砂砾石、碎砖三合土		
5	石材		
6	毛石		
7	普通砖		包括实心砖、多孔砖、砌块等砌体。断面较窄不易绘出图例线时，可涂红
8	饰面砖		包括铺地砖、马赛克、陶瓷锦砖、人造大理石等
9	耐火砖		包括耐酸砖砌体
10	空心砖		非承重砖砌体
11	混凝土		1. 本图例指的是能承重的混凝土及钢筋混凝土 2. 包括各种强度等级、骨料、添加剂的混凝土
12	钢筋混凝土		3. 在剖面图上画钢筋时，不画图例线 4. 断面图形小，不易画图例线时，可涂黑
13	多孔材料		包括水泥珍珠岩、沥青珍珠岩、泡沫混凝土、非承重加气混凝土、软土、蛭石制品等
14	木材		1. 上图为横截面，上左图为垫木、木砖或木龙骨 2. 下图为纵断面
15	金属		1. 包括各种金属 2. 图形断面过小时，可涂黑
16	玻璃		包括平板玻璃、磨砂玻璃、夹丝玻璃、钢化玻璃、中空玻璃、镀膜玻璃等
17	防水材料		构造层次多或者比例大时，采用上面的图例

附录二　常用图例

表一　　　　　　　　　　　　　　　　总平面图常用建筑图例

序号	名称	图例	说明
1	新建建筑物		粗实线表示，需要时，可在右上角用数字或者黑点表示层数以及出入口
2	原有建筑物		用细实线表示
3	计划扩建的预留地或建筑物		用中虚线表示
4	拆除建筑物		用细实线表示
5	建筑物地下通道		虚线表示通道位置
6	铺砌场地		用细实线表示
7	围墙及大门		上图用于砖、混凝土下图用于铁丝、篱笆
8	挡土墙		被挡的土在突出一侧
9	测量坐标	$X\,105.000$ $Y\,425.000$	X 为南北方向，Y 为东西方向
10	建筑坐标	$A\,131.510$ $B\,278.250$	A 为南北方向，B 为东西方向
11	填挖边坡		较长时可以只画局部
12	护坡		
13	台阶		箭头指向上的方向

185

续表

序号	名称	图例	说明
14	原有道路		用细实线表示
15	计划扩建道路		用中虚线表示
16	拆除的道路		细实线加交叉符号
17	针叶乔木		
18	阔叶乔木		
19	阔叶灌木		
20	阔叶灌木		
21	修建的树篱	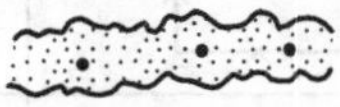	
22	草地		
23	花坛		

表二　　　　　　　　　　　　　　常用建筑构造及构配件图例

序号	名称	图例	说明
1	楼梯	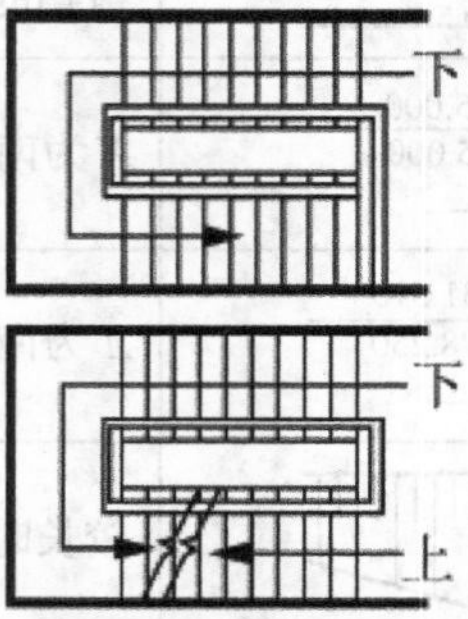	1. 上图为顶层楼梯，中间为中间层楼梯，下图为底层楼梯 2. 楼梯靠墙处或者楼梯中间设扶手时，应在图中表示

序号	名称	图例	说明
2	电梯		
3	烟道		1. 阴影部分可以填充灰度或者涂色代替 2. 烟道、风道与墙体为相同材料，其相接处墙身线应连通 3. 烟道、风道根据需要增加不同材料的内衬
4	风道		
5	空门洞	$h=$	h 为门洞的高度
6	单面开启 单扇门		1. 门的代号用 M 表示 2. 平面图中，下为外，上为内。门的开启线为 90°、60° 或 45°，开启弧线宜画出 3. 立面图中，开启线实线为外开，虚线为内开。开启线交角一侧为安装合页一侧。开启线在建筑立面图中可以不表示 4. 剖面图中，左为外，右为内 5. 附加纱扇应以文字说明，在平、立、剖面图中不表示 6. 立面形式应按实际情况绘制

序号	名称	图例	说明
7	双面开启单扇门		
8	双层单扇平开门	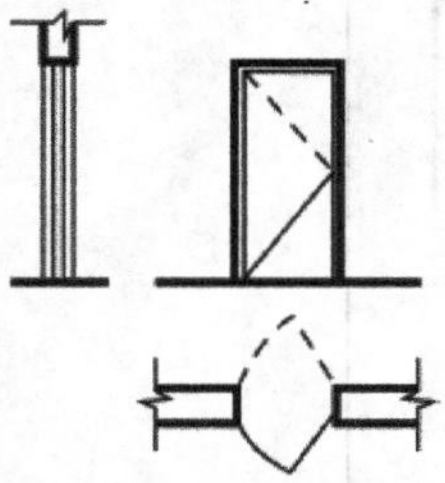	1. 门的代号用 M 表示 2. 平面图中，下为外，上为内。门的开启线为 90°、60°或 45°，开启弧线宜画出 3. 立面图中，开启线实线为外开，虚线为内开。开启线交角一侧为安装合页一侧，开启线在建筑立面图中可以不表示 4. 剖面图中，左为外，右为内 5. 附加纱扇应以文字说明，在平、立、剖面图中不表示 6. 立面形式应按实际情况绘制。
9	单面开启双扇门		
10	双面开启双扇门		
11	双层双扇平开门		
12	折叠门	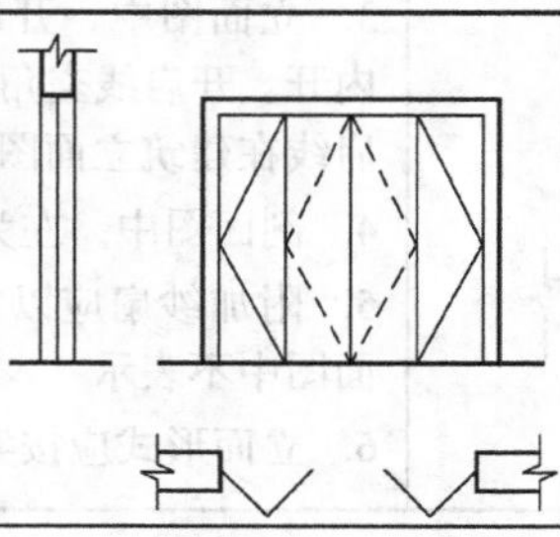	1. 门的代号用 M 表示 2. 平面图中，下为外，上为内 3. 立面图中，开启线实线为外开，虚线为内开。开启线交角一侧为安装合页一侧 4. 剖面图中，左为外，右为内 5. 立面形式应按实际情况绘制

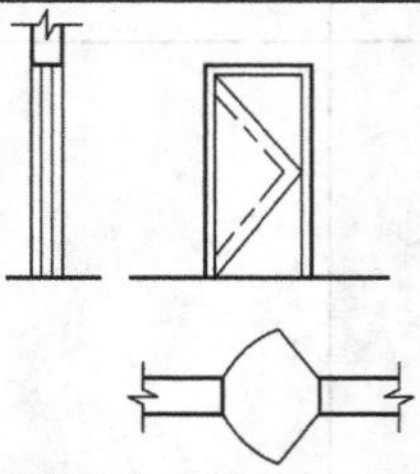

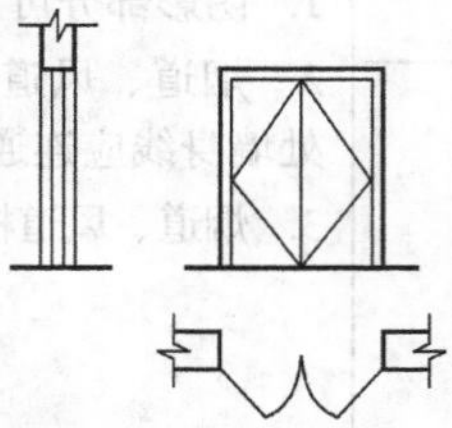

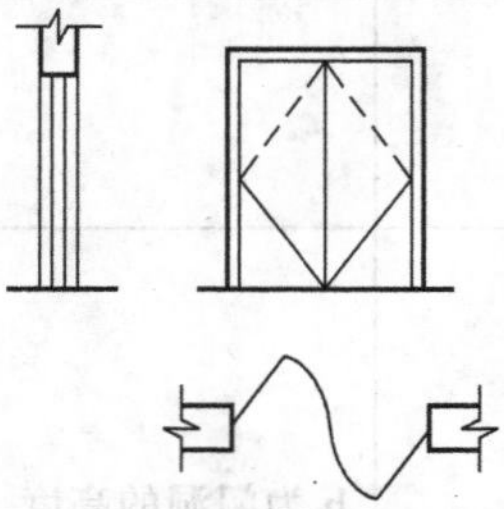

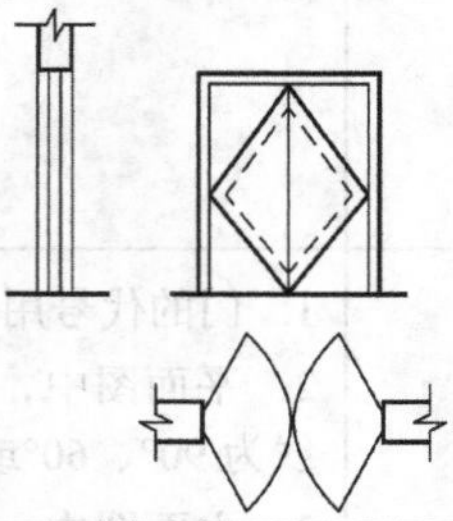

续表

序号	名称	图例	说明
13	推拉折叠门		1. 门的代号用 M 表示 2. 平面图中，下为外，上为内 3. 立面图中，开启线实线为外开，虚线为内开。开启线交角一侧为安装合页一侧 4. 剖面图中，左为外，右为内 5. 立面形式应按实际情况绘制
14	竖向卷帘门		1. 门的代号用 M 表示 2. 平面图中，下为外，上为内 3. 立面图中，开启线实线为外开，虚线为内开。开启线交角一侧为安装合页一侧 4. 剖面图中，左为外，右为内 5. 立面形式应按实际情况绘制
15	墙洞外单扇推拉门		1. 门的代号用 M 表示 2. 平面图中，下为外，上为内 3. 剖面图中，左为外，右为内 4. 立面形式应按实际情况绘制
16	墙洞外双扇推拉门		
17	墙中单扇推拉门		1. 门的代号用 M 表示 2. 立面形式应按实际情况绘制
18	墙中双扇推拉门		

序号	名称	图例	说明
19	固定窗		
20	上悬窗	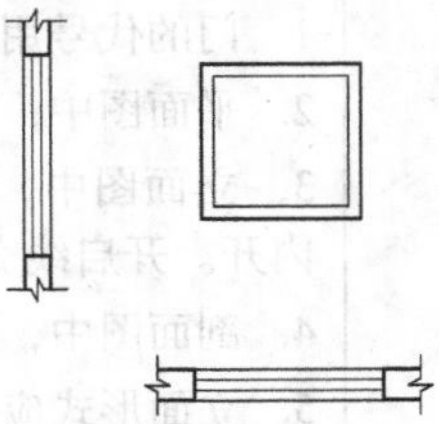	1. 窗的代号用 C 表示 2. 平面图中，下为外，上为内 3. 立面图中，开启线实线为外开，虚线为内开。开启线交角一侧为安装合页一侧，开启线在建筑立面图中可以不表示
21	中悬窗		4. 剖面图中，左为外，右为内；虚线仅表示开启方向 5. 附加纱扇应以文字说明，在平、立、剖面图中不表示 6. 立面形式应按实际情况绘制
22	下悬窗		
23	立转窗	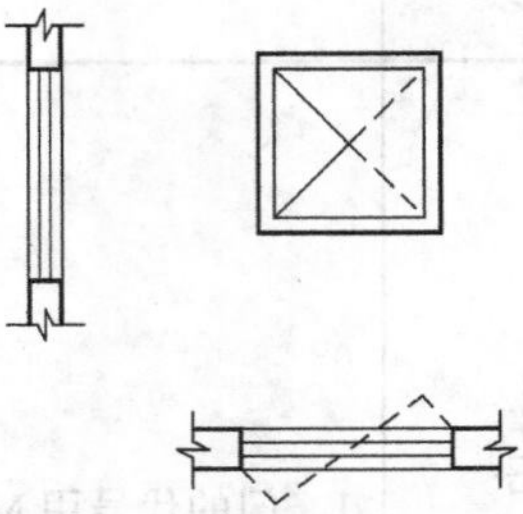	1. 窗的代号用 C 表示 2. 平面图中，下为外，上为内 3. 立面图中，开启线实线为外开，虚线为内开。开启线交角一侧为安装合页一侧，开启线在建筑立面图中可以不表示
24	单层外开平开窗		4. 剖面图中，左为外，右为内；虚线仅表示开启方向 5. 附加纱扇应以文字说明，在平、立、剖面图中不表示 6. 立面形式应按实际情况绘制

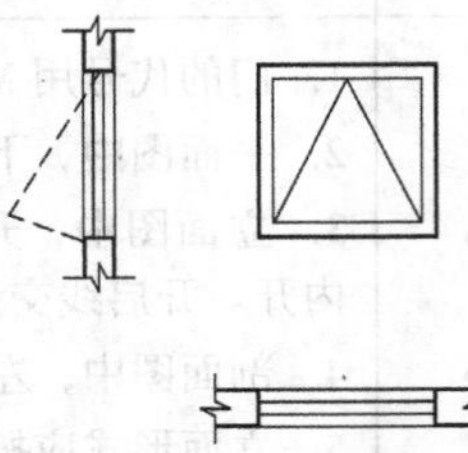

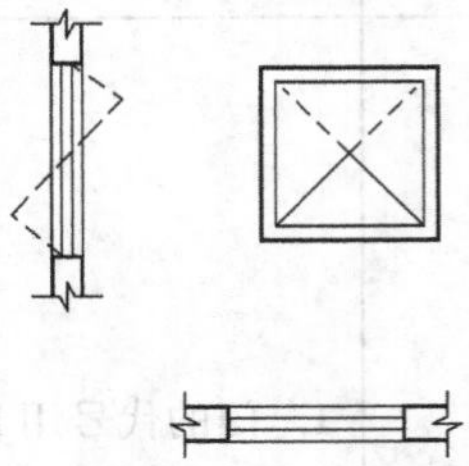

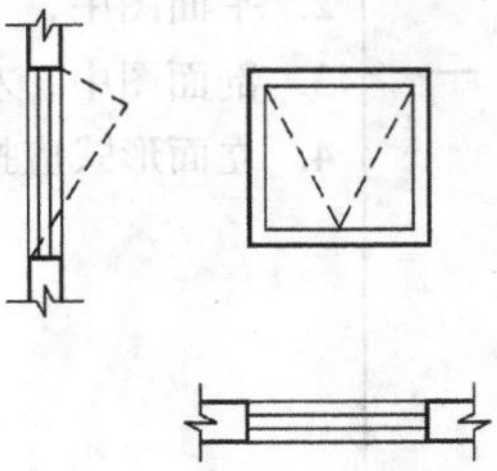

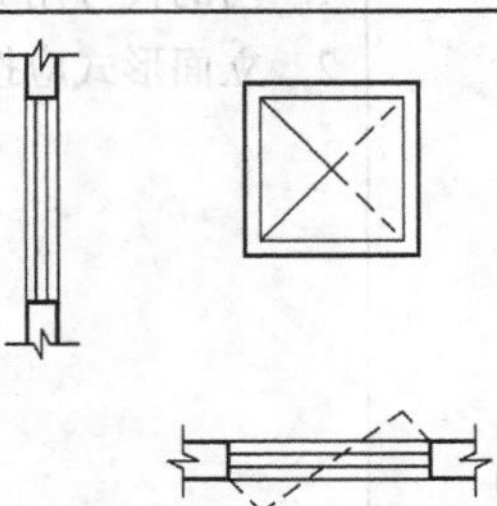

序号	名称	图例	说明
25	单层内开平开窗		1. 窗的代号用 C 表示 2. 平面图中，下为外，上为内 3. 立面图中，开启线实线为外开，虚线为内开。开启线交角一侧为安装合页一侧，开启线在建筑立面图中可以不表示 4. 剖面图中，左为外，右为内；虚线仅表示开启方向 5. 附加纱扇应以文字说明，在平、立、剖面图中不表示 6. 立面形式应按实际情况绘制
26	双层内外开平开窗		
27	单层推拉窗		1. 窗的代号用 C 表示 2. 立面形式应按实际情况绘制
28	双层推拉窗		
29	高窗	*h=*	h 为窗底距本层地面高度

序号	名称	图例		说明
30	门连窗			

参 考 文 献

［1］方筱松. 建筑工程制图[M]. 北京：北京大学出版社，2014.

［2］白丽红. 建筑工程制图与识图[M]. 北京：北京大学出版社，2009.

［3］宋莲琴. 建筑制图与识图[M]. 北京：清华大学出版社，2005.

［4］陈文斌、张金良. 建筑工程制图[M]. 上海：同济大学出版社，2010.

［5］陆叔华. 建筑制图与识图[M]. 北京：高等教育出版社，2007.

［6］何培斌. 建筑制图与识图[M]. 北京：中国电力出版社，2005.

［7］中华人民共和国住房和城乡建设部. GB/T 50104—2010 建筑制图标准[S]. 北京：中国计划出版社，2011.

［8］中华人民共和国住房和城乡建设部. GB/T 50105—2010 建筑结构制图标准[S]. 北京：中国计划出版社，2011.

［9］中华人民共和国住房和城乡建设部. GB/T 50001—2010 房屋建筑制图统一标准[S]. 北京：中国计划出版社，2011.

参考文献

[1] 李晓敏. 建筑工程制图[M]. 北京: 北京大学出版社, 2011.

[2] 任艳红. 建筑工程制图识图[M]. 北京: 北京大学出版社, 2009.

[3] 赵研. 建筑制图与识图[M]. 北京: 清华大学出版社, 2005.

[4] 高远文. 钢结构识图[M]. 上海: 同济大学出版社, 2010.

[5] 陈丽华. 建筑制图与识图[M]. 北京: 清华大学出版社, 2007.

[6] 刘志麟. 建筑制图与识图[M]. 武汉: 中国建筑工业出版社, 2008.

[7] 中华人民共和国住房和城乡建设部. GB/T 50104—2010 建筑制图标准[S]. 北京: 中国计划出版社, 2011.

[8] 中华人民共和国住房和城乡建设部. GB/T 50105—2010 建筑结构制图标准[S]. 北京: 中国计划出版社, 2011.

[9] 中华人民共和国住房和城乡建设部. GB/T 50001—2010 房屋建筑制图统一标准[S]. 北京: 中国计划出版社, 2011.